# 纳米能源的复杂创新网络研究

## Complex Innovation Network in Nano-energy

刘　娜/著

中国财经出版传媒集团

经济科学出版社

Economic Science Press

## 图书在版编目（CIP）数据

纳米能源的复杂创新网络研究/刘娜著. —北京：
经济科学出版社，2017.6
ISBN 978 - 7 - 5141 - 8147 - 0

Ⅰ.①纳…　Ⅱ.①刘…　Ⅲ.①纳米技术 - 应用 -
能源工业 - 研究　Ⅳ.①TK01

中国版本图书馆 CIP 数据核字（2017）第 142814 号

责任编辑：李晓杰
责任校对：刘　昕
责任印制：李　鹏

### 纳米能源的复杂创新网络研究

刘　娜/著

经济科学出版社出版、发行　新华书店经销
社址：北京市海淀区阜成路甲 28 号　邮编：100142
总编部电话：010 - 88191217　发行部电话：010 - 88191522
网址：www. esp. com. cn
电子邮件：esp@ esp. com. cn
天猫网店：经济科学出版社旗舰店
网址：http：//jjkxcbs. tmall. com
北京财经印刷厂印装
710 × 1000　16 开　14.75 印张　240000 字
2017 年 8 月第 1 版　2017 年 8 月第 1 次印刷
ISBN 978 - 7 - 5141 - 8147 - 0　定价：46.00 元
（图书出现印装问题，本社负责调换。电话：010 - 88191510）
（版权所有　侵权必究　举报电话：010 - 88191586
电子邮箱：dbts@ esp. com. cn）

# 前　　言

在科技史上，科学和技术的很多重大突破得益于学科交叉和领域渗透。随着科技的发展，仅凭某一学科领域的研究已很难解决复杂性的问题。多学科的相互交叉、多领域的相互渗透，已然成为当今科技发展的重要特征。无论是国际还是国内，近年来对新兴前沿交叉领域的重视和部署有目共睹。然而，当前很少有学者研究交叉的前沿科学和新兴技术领域的创新，更不用说其复杂创新网络。创新是在创新主体及创新要素复杂的非线性交互作用下涌现出来的。创新主体以及创新要素间的复杂交互作用形成了复杂的创新体系。复杂创新体系本质上就是复杂创新网络。

纳米能源科技是纳米技术在能源领域的应用衍生出来的交叉的前沿科学和新兴技术领域。在当今能源短缺和环境问题日益突出的社会背景下，纳米能源科技表现出巨大的应用前景并被许多国家确定为关乎未来竞争力的战略制高点和科技发展的优先资助领域。在此背景下，开展纳米能源领域的复杂创新网络研究。本书主要基于技术创新理论、复杂网络理论等，围绕纳米能源领域的科技创新能力、复杂创新网络的结构特点、动态演化以及功能机制等研究问题，综合运用科学计量、专利计量、社会网络分析、统计检验方法以及泊松模型和负二项模型等，全面、系统地探讨纳米能源领域的创新，期望得出对交叉的前沿科学与新兴技术领域发展有借鉴意义的结论。

本书主要研究内容及结论概括如下：

第一，测度了纳米能源领域的科学与技术创新能力并进行了国际比较分析。研究发现：科学研究与技术发明产出都呈现典型的指数增长模式；科学"巨人"的论文占世界份额，尤其是美国，呈现下降趋势；新兴经济体呈现强劲的发展势头。中国的科技影响力虽然还远不如美国，但中国的科学影响力近年来增长显著，可以与德国、日本、法国和英国相匹敌。大学和研究院所是中国在纳米能源领域的主要创新者，企业还未占据创新主体地位。国际科学合作网络呈现稳定的扩张态势，虽然科学"巨人"在合作中发挥主要作用，但中国和韩国的合作影响力明显增长。

第二，探讨了纳米能源领域的发明景观并实证检验了技术网络嵌入对技术增长的影响。趋势分析表明纳米能源领域的发明近年来经历了巨大的增长和多样化；技术领域的共现网络揭示了纳米能源技术领域不断发展，纳米技术的创新极大地促进了能源生产、存储、转换和捕获等；纳米能源技术发明主要源自技术知识领域的组合性再利用、组合性创造和单个的再利用，而开发崭新技术能力的作用非常有限。对于技术网络嵌入对技术增长的影响，实证结果表明技术的网络连结强度抑制技术领域的增长，而技术的网络地位和技术的融合性促进技术领域的增长。

第三，探索了纳米能源领域的科学合著网络的动态演化。主要关注整体网络的阶段性特征、小世界性的动态性以及自我网络增长和自我网络多样化的影响因素。研究内容在组织机构层面开展，探讨大学、研究院所和企业在纳米能源科学知识创造过程中形成的合著研究网络。研究结果表明：合著网络近年来增长非常迅速；小世界性呈现上升趋势；合作能力、网络地位位置及网络聚集这三种共存的驱动力影响自我网络增长和自我网络多样化。

第四，组织机构的纳米能源创新活动是双重网络嵌入的。本书将知识元素间的耦合关系形成的知识网络和组织机构间的合作关系形成的合作网络整合在一个分析框架中，探讨知识网络和合作网络的关系和结构特性以及它们对组织机构的利用性创新和探索性创新的影响。研究结果表明：领域范围内的知识网络和基于技术的合作网络是分离的并且它们呈现出不同的整合性；知识网络和合作网络的一些关系和结构特征以不同方式影响组织机构的利用性创新和探索性创新。

本研究的政策意义和管理启示如下。新兴国家在前沿科学和新兴技术领域通过适当的追赶策略能够取得竞争优势。现阶段，新兴国家的政府部门还需要加强政策上的努力来提高本国在前沿科学和新兴技术领域的原始性创新动机。管理者制定科技战略决策时，可以考虑技术网络嵌入对技术增长的影响，进而提高技术的预见能力，降低决策的风险。创新者及管理者在复杂的网络创新环境中进行有效地网络资源整合和配置尤为重要，在建立或治理网络创新关系时，不仅应该考虑自身和潜在伙伴的能力、资源因素，还应该重视现有网络关系及结构所体现的网络机会和约束，此外，还应该认识到基于知识搜索的重要性，有必要建立一个合理的知识基础结构。

本书的出版得到了山东工商学院技术经济及管理学科的资助与支持，谨在此表达诚挚的谢意。

由于时间、精力和水平有限，本书肯定还存在不少缺陷甚至错误之处，敬请读者不吝指正。本人将努力进取，一如既往潜心研究，继续在创新管理领域取得国内外同行广泛认可的原创性成果。

刘娜

2017 年 4 月

# 目
# 录
contents

>       >       >       >       >       >

# 第 1 章

## 绪  论

## 1.1 研究背景

### 1.1.1 创新的网络化发展趋势

科技创新是复杂的社会活动过程，是在各创新主体、创新要素的复杂交互作用下涌现出来的（Leydesdorff and Etzkowitz，1996；宋刚等，2008；Ahrweiler and Keane，2013）。当今知识经济时代，科技以空前的速度发展。新技术、新产品不断涌现且它们的开发周期日益缩短、更新换代速度越来越快，社会竞争也日益激烈。科技进步与激烈的竞争不仅加剧了科技创新的复杂性，也正迅速打破传统的科技创新活动的组织边界、区域边界和国际边界以及学科边界和产业边界等。现阶段，新型的创新组织形式层出不穷，组织的网络化趋势也正逐步加强，使得传统封闭的创新组织活动转向开放式的网络化创新体系。

在当今复杂的创新环境下，任何个体创新者、组织机构的"单打独斗""闭门造车"的创新行为都已经无法在复杂的创新环境与复杂的创新过程中获得竞争优势。个体创新者、组织机构（政府、企业、大学、研究院所、中介机构等)、城市乃至国家等创新主体间的合作、协调的创新关系正逐步拓展与深化,它们的联系由传统的点对点的线性联系不断演变为集成化、网络式的复杂交互结构。科技创新已由过去单一创新主体可以实现的独立组织活动发展到需要外部资源介入的多主体参与的复杂网络组织活动;由线性、机械的创新模式发展为非线性、多主体交互的网络模式。各创新主体通过知识流、信息流、价值流、资源流等连结关系,形成具有竞争优势的创新网络,促进科学和技术知识的生产、新产品的开发以及新技术的扩散和采纳,从而应对快速的技术变革与自身创新能力局限、资源的短缺或获取市场上的竞争优势等。

科学、技术的发展呈现出会聚、交叉、融合发展的趋势,这是开发众多尖端和前沿技术的必要步骤(Karvonen and Kässi, 2013)。21世纪,人们必定将在跨技术领域、跨学科的综合性问题解决方案中寻求更多的发展机会(Roco and Bainbridge, 2013)。科学、技术的会聚、交叉、融合的发展模式有别于学科或技术领域的单一、孤立的发展模式,它是两个或多个不相干学科或技术领域的渗透交叉、互相作用、彼此结合的融合过程,这是当今科技发展的最显著特征之一(Geum et al., 2012; Kim and Kim, 2012)。如果我们将它们的会聚、交叉、融合关系视为科学和技术知识的关联性的组合关系,那么科学、技术知识的会聚、交叉、融合发展也是科学和技术知识网络化发展的表现形式。

因而,将科技创新纳入"网络"的研究范式之下,是科技与社会发展的必然结果。创新网络是创新主体之间交互资源、传递知识和信息的活动平台,为创新提供了一种柔性的、高效的资源配置途径(Keast et al., 2004; Provan and Huang, 2012);同时,创新网络,特别是技术或知识的网络也是技术要素或知识元素之间关联或组合关系的历史记录,为知识搜索和知识发现提供了渠道(Yayavaram and Ahuja, 2008; Wang et al., 2014)。

复杂网络理论是复杂性科学的研究方法之一。复杂网络理论及其应用成为近年来学者研究的一大热点。复杂网络理论起源于20世纪60、70年代,是由社会心理学领域的研究者提出来的。20世纪90年代末,发表在《自然》（*Nature*）（1998）与《科学》（*Science*）（1999）上的两篇有关复杂网络的开创性文献引起了其他领域学者的极大兴趣，标志着复杂网络理论在其他学科领域应用的兴起，比如社会学、经济学、物理学、生物学等领域。

正如 Strogatz（2001）所说，复杂网络理论提供了崭新的思考问题的模式，有利于更好地理解复杂系统中不同主体间的联系与交互作用，进而深化人们对社会经济系统的复杂性问题的认知。创新是复杂性的技术过程、组织过程与商业化过程（官建成与张爱军；2002），创新体系就其本质而言是一个复杂的网络系统，创新的参与主体之间以及创新要素之间形成了复杂的非线性网络关系。复杂网络理论能够很好地刻画创新主体、创新要素之间的复杂联系、交互作用的关系结构以及创新系统的动态演化过程。运用复杂网络理论研究科技创新是对创新网络研究的进一步深化，同时也是复杂网络理论应用领域的有效扩展。

## 1.1.2　交叉的纳米能源科技领域

与传统科技领域的创新相比，新兴科技领域创新具有明显不同的特点，新兴科技领域的创新表现出高度的复杂性与不确定性。因而，新兴科技领域的一个重要特点是"创新不是孤立的"，特别是在交叉的新兴科技领域。在新兴科技领域，创新是在创新主体与创新要素的复杂交互作用下涌现出来的。创新网络对新兴科技领域的创新越来越重要，它对新兴科技的未来发展具有重大影响（van der Valk et al.，2011）。

本研究选择了比传统科技领域更具复杂性的交叉的前沿科学与新兴科技领域——纳米科技领域，尤其是着重研究了"纳米能源"领域的复杂创新网络。在科技会聚、交叉、融合发展的社会背景下，我们选择研究该交叉的前沿科学与新兴技术领域，期望对我国的交叉前沿科学与新兴技术领域发展有借鉴意义。

纳米技术是 21 世纪的关键技术之一，已经被广泛应用于生物制药、信息、能源、环境与国家安全等领域（Roco et al.，2011；Milojević，2012）。纳米能源科技是新兴纳米技术在传统能源领域及新能源领域的交叉应用而衍生出的一门有前景的多学科技术领域（Menéndez–Manjón et al.，2011；Milojević，2012；Guan and Liu，2014）。

纳米科技创新在能源生产、存储、转移、管理和使用等方面的应用将从根本上改善化石能源的利用效率，扩展可再生能源的商业化规模，降低能源消费的环境影响（Tegart，2009）。在全球能源短缺与环境问题日益突出的社会背景下，能源科技创新日益重要。很显然，纳米能源科技发展越来越重要，并且它已经成为各国纳米科技研究的主要议程之一（So et al.，2012；Diallo et al.，2013）。在清洁能源需求渐增的情况下，纳米能源科技有望成为未来能源的新范式（Tegart，2009）。美国、英国、中国、韩国、日本等国家都非常重视纳米科技在能源领域的应用。尽管纳米能源科技被各国确定为关乎未来竞争和战略发展的制高点，且纳米能源科技近年来呈现出巨大的发展潜力。但是，就目前可得的科技文献来说，很少有学者探讨纳米能源科技领域的创新，特别是该科技领域的复杂创新网络。在能源短缺和环境问题日益凸显及创新网络化发展的社会背景下，本研究探索纳米能源的复杂创新网络。

## 1.2  研究意义

本研究在复杂网络理论的框架下，探索交叉的前沿科学和新兴技术领域——纳米能源科技领域的复杂创新网络。本研究是复杂性科学、创新理论与社会网络理论与方法、科学计量及专利计量的方法和指标以及面板数据模型等理论和方法的交叉应用，这对丰富与发展创新理论具有重要意义。此外，在创新网络化发展的社会背景下，研究纳米能源这个交叉的前沿科学与新兴技术领域的复杂创新网络有利于促进前沿科学和新兴技术领域的科学创新与技术创新。

第一，纳米能源科技是交叉的前沿科学和新兴技术领域。尽管，学者、管理者甚至政策制定者认识到了纳米科技在能源领域的应用前景和发展潜力，并且许多国家的纳米能源科技取得了巨大的进展。但是，很少有研究对纳米能源科技领域的创新能力及网络合作创新进行系统地测度和国际比较，进而定位各个国家在纳米能源科技发展中存在的优势和不足。本研究对代表性国家的纳米能源科学创新和技术创新绩效的产出能力与影响力分别进行了测度和国际比较，并从整体网络的视角开展了网络合作创新测度研究。这丰富了我国科技创新研究定量评价的内容，更重要的是有助于我们在国际比较中查漏补缺，定位中国纳米能源科技发展的状况，从而更好地发展中国的纳米能源科技。

第二，对纳米能源技术发明的景观如技术能力、突现技术、技术组合等提供了详细的定量描述，研究结果对纳米能源的技术发明活动提供了重要的借鉴意义。此外，技术知识领域嵌入在技术网络中，那么技术知识领域的网络关系及结构特征如何影响它们的增长？我们对此问题进行了实证研究，本研究内容有助于改善对技术知识领域增长的预测能力，从而有助于政策制定或决策。

第三，深入研究了合作网络如何随时间动态演化，重点关注自我网络增长和自我网络多样化的动力机制。创新主体利用创新网络进行创新的前提是有效地构建和管理创新网络，而创新网络的构建和管理是以充分理解创新网络为什么以及如何随时间演化为先决条件的。因此，创新合作网络演化研究的开展对于指导我国创新主体构建和管理自身的创新网络具有重要的现实意义。

第四，创新者的创新活动嵌入在合作创新网络中。合作网络的关系和结构特性如何影响网络成员的创新绩效？这是近年来社会学家、战略和组织行为研究者关注的主要问题。此外，创新者的创新活动还嵌入在技术或知识的网络中，国际上有少数学者开始关注到该问题。本研究将合作网络和知识网络整合在一个分析框架中，实证研究了合作网络和知识网络的关系和结构特性如何影响网络成员的利用性创新绩效和探索性创新绩效，这丰富和扩展了创新网络的研究内容与研究视角。本研究对知识创造和网络动力学研究具有非常重要的意义，以期充分发挥创新网络对创新主体、创新绩效的促进作用。

# 1.3　概念界定及研究内容

## 1.3.1　相关概念界定

创新网络是知识基础、行为主体以及关联规则的集合，即创新行为主体在创新过程中建立各种正式或非正式的关系，结成一定的网络结构或模式，目的在于科学和技术知识的生产、技术和产品开发、创新的扩散和采纳等。复杂创新网络是呈现出高度复杂性的创新网络。截至目前，学者还没有给出复杂创新网络明确的定义，只是从不同角度对复杂创新网络进行了研究。

不管何种类型的创新网络，根据研究所涉及的个体或关系的范围，创新网络的结构都可以划分为三个研究层面：整体网络、群体网络（局域网）与自我网络。图 1 - 1 清晰地展示了创新网络的三个研究层面。从该图可知，自我网络是针对某个创新网络参与者个体的网络，该分析层面所涉及的网络范围是某个特定的网络个体（自方，Ego）和与该网络个体有直接连结关系的多个其他个体（对方，Alters）构成的网络。因而，自我网络包括了自方、对方以及所有这些网络节点之间的连结关系。群体网络是自我网络再加上某些与自我网络有关联关系的其他网络成员构成的。群体网络的界定没有那么严格，相对来说比较宽泛，它的关系数量和网络范围介于整体网络与自我网络之间。整体网络的范围最大，它是一个群体内所有网络成员及其它们之间的关联关系构成的网络。

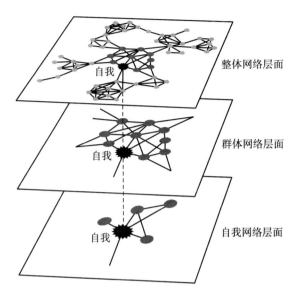

整体网络层面

群体网络层面

自我网络层面

自我

自我

自我

图 1-1　创新网络研究的三个层面

　　自我网络分析的目的在于通过自方、对方以及这些节点间的连结关系了解自方网络的规模以及自方对对方的桥架作用或自方受到的对方的约束。群体网络的分析在于了解所关注的局部网络的结构特征，如局部网络中个体的聚集性。整体网络分析的目的在于通过网络节点间的直接或间接的连结关系从整体上把握网络的宏观特征。

## 1.3.2　主要研究内容

　　本研究内容主要包括以下几章。

　　第 1 章，绪论。本章节主要介绍研究背景、研究意义及主要研究内容等。首先，研究背景阐明了创新网络化发展的趋势以及复杂网络理论在创新研究中的适用性。另外，研究背景部分特别地介绍了将纳米能源科技作为本研究对象的原因。其次，简述了开展纳米能源复杂创新网络研究的理论和现实意义。最后，概述了主要研究内容、研究方法及研究框架。

　　第 2 章，创新网络国内外研究现状。本章从复杂网络理论的发展与应用、创新网络化组织的发展、创新网络的功能机制、创新网络动态演化以及知识网络等几个方面对国内外相关研究的经典文献和最新文献进行了回顾和综述，肯定当前研究已经取得的研究成果，并找出当前研究的空白和不足，从而阐明本研究的内容和目标。

第3章，纳米能源科技及其创新网络的复杂性。本章简要地介绍了什么是纳米能源科技，界定了纳米能源科技的范围边界。给出了纳米能源文献和专利数据的来源及收集方法，为后续章节的实证研究工作奠定了数据基础。回顾了美国和中国的纳米科技政策以及它们的纳米科技政策对能源的关注。简述了纳米能源科技创新的特点以及纳米能源科技创新网络的复杂性特征。本章节为后续定量研究工作的开展奠定了基础。

第4章，纳米能源科技能力的测度及合作网络研究。本章运用科学计量学的方法及指标综合地测度了1991～2012年间的纳米能源科学研究绩效。具体来讲，探讨了纳米能源科学研究产出的增长模式；基于论文数量和引文指标，分别对典型的发达及发展中国家/地区的纳米能源科学研究产出和科学影响力进行了测度和比较。此外，运用社会网络分析方法，从整体网络的研究视角，通过分析比较3个4年时间窗的跨国家/区域的科学合作强度和合作网络特征，研究了跨国家/区域的纳米能源科学合作状况，特别分析了科学合作的主导国家。在纳米能源技术能力方面，本章还基于从德温特专利数据库收集的1991～2013年间的纳米能源专利数据，运用专利计量的方法和指标以及社会网络分析技术，测度和比较了典型国家的纳米能源技术能力，特别关注美国和中国这两个国家的纳米能源技术能力的机构分布情况、组织机构间的技术合作网络状况以及它们的技术影响力。

第5章，纳米能源技术发明景观及技术网络嵌入对技术增长的影响。本章首先综合地探讨纳米能源领域的技术发明景观，分析1991～2013年间的纳米能源的专利产出模式和技术能力的增长趋势以及技术能力的分布状况，运用突现检测算法识别纳米能源科技领域突现的技术知识领域，并利用网络路径缩减技术可视化突现的技术知识领域，探讨技术组合性发明状况以及技术发明的新颖性来源。本章还利用面板数据模型实证检验技术网络嵌入如何影响技术知识领域的增长，主要关注技术的网络连结强度、技术的网络地位、技术的中介性和技术的融合性对技术知识领域增长的影响。

第 6 章，纳米能源科学合作网络的动态演化——以中国为例。本章主要基于中国学者在 1998～2012 年间发表的纳米能源论文数据，探讨了中国的组织机构在纳米能源知识创造过程中结成的科学合作网络的整体网络如何随时间演化，科学合作网络的小世界特性以及自我网络增长和自我网络多样化背后的动力机制。在整体网络演化方面，我们关注整体网络的阶段性的拓扑结构特征并检验科学合作网络的小世界特性。在自我网络动力机制方面，我们主要关注组织机构的网络能力效应、网络地位效应和网络聚集效应对自我网络增长和自我网络多样化的影响。具体地讲，我们将组织机构在 t 期网络中的合作能力、网络地位位置以及网络聚集与组织机构在随后 t + 1 期网络中的自我网络的演化路径联系起来，建立相关的理论概念框架并利用面板数据模型进行实证检验。

第 7 章，知识网络与合作网络中的利用性创新及探索性创新。考虑到组织机构创新活动的双网络嵌入性，本章将组织机构之间合作创新关系形成的合作网络与知识元素之间关联关系形成的知识网络整合在一个技术分析框架中，主要基于从德温特专利数据库收集的 1991～2013 年间的纳米能源专利数据，探索组织机构在纳米能源科技创新过程中结成的知识网络和合作网络的关系与结构特性，以及知识网络和合作网络的关系及结构特性对组织机构的利用性创新绩效与探索性创新绩效的影响。本章主要关注知识网络和合作网络的直接连结、间接连结、连结的非冗余性这三种网络关系及结构特征对利用性创新绩效和探索性创新绩效的影响。

第 8 章，总结及展望。本章总结本研究的主要工作和得出的主要结论，提炼创新点，查找研究的局限性，指出未来可能的研究方向。

## 1.4 框 架 结 构

本研究的思路和结构框架如图 1 - 2 所示。

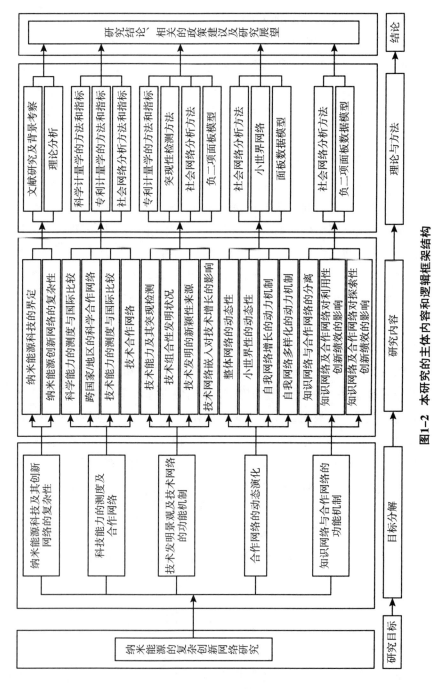

图1-2 本研究的主体内容和逻辑框架结构

# 第 2 章

# 创新网络国内外研究现状

## 2.1 复杂网络理论研究

网络（Network）是节点（Node）及节点间的连结关系的集合，在数学上可以以图的形式（Graph）来表示。网络理论的发展最早可以追溯到 1935 年，著名的瑞士数学家欧拉（Euler）研究了哥尼斯堡"七桥问题"。哥尼斯堡的一个城镇中有一条河，河中有两个岛，两岸和两岛之间共架了七座桥，如何在一次散步中走过所有的桥，且不重走，最后回到出发点。欧拉用抽象的方法将该问题转化为图论的问题，也就是，将每块陆地抽象为一个节点，将每座桥抽象为两块陆地之间的连线。这将河流、陆地和桥简化为一个网络，从而得到了一个网络图。欧拉的研究开创了数学学科的一个新分支——图论。哥尼斯堡"七桥问题"成为图论发展的第一个里程碑，欧拉也成为图论和拓扑学的创始人。

在之后很长的一段时间里，图论并没有取得长足的发展。直到 20 世纪 60 年代，著名的数学家 Erdös 和 Rényi 发表了非常有影响力的随机图文章，他们将概率的方法应用于图论的研究中，创建了著名的随机图理论（Erdös and Rényi, 1960）。在 ER 随机图中，任意两个节点之间有边连结的概率为 p。随机图论和经典图论的本质区别在于引入了随机的方法，从而使图论得到了巨大的发展空间。随机图理论的建立开创了复杂网络理论的系统性研究。它是复杂网络理论研究的基础。我们所熟知的 ER 随机网络模型，就是 Erdös 和 Rényi 两位数学家的研究成果（Erdös and Rényi，1960）。

随着现代计算机技术的发展，网络科学又一次取得了突破性的研究进展。现代复杂网络理论的快速发展得益于小世界网络（Small World Network）与无标度网络（Scale – Free Network）这两个重大的开创性研究。

小世界网络的思想可以追溯到 1967 年 Milgram 的著名的"小世界"实验，该实验想弄清楚一个人平均要通过几个熟人关系才能达到另一个人，即探明网络中平均最短路径长度的分布（Milgram，1967）。实验中的一些普通人被要求将一封信寄送给指定的陌生人，可以先将信交给最可能送到的熟人，熟人又转交给熟人的熟人，直到信传递到收信人手中。这一实验是目前流行的"六度分割"概念的起源，尽管 Milgram 当时并没有明确提出"六度分隔"的概念。Watts 和 Strogata（1998）在 Nature 期刊上发表了题为《小世界网络的集体动力学》的文章，该研究推广了"六度分隔"的科学假说，构建了单参数的小世界网络模型。小世界网络介于规则网络和随机网络之间，并在两者之间建立了桥梁。小世界网络兼具规则网络和随机网络的特征。小世界网络像规则网络一样，较大地聚集系数；同时，小世界网络像随机网络一样，具有较小的平均最短路径长度（Watts and Strogatz，1998）。与规则网络和随机网络相比，小世界网络模型更能模拟真实世界中的许多网络的特性。Watts 和 Strogata（1998）还研究了电影演员网络、美国西部电网和线虫的神经网络三个真实世界中的网络，研究表明它们都是小世界网络，它们的平均路径都很短并且具有高度的聚集性。

Barabasi 和 Albert（1999）在 Science 期刊上发表了题为《随机网络中标度的涌现》的文章，他们在该研究中提出了无标度网络模型（简称 BA 模型），用于描述实际网络度分布的幂律特征，故称为无标度网络。网络的无标度性指的是网络中节点的度分布的异质性，即没有"特征尺度"。网络中大多数节点的度中心性并不高，而少数节点的度中心性却很高。某个节点的度中心性用来描述与该节点具有直接连结关系的其他节点的数目。他们用网络生长的"偏好连结"机制解释真实世界中网络的无标度特性。网络在生长过程中，度中心性高的节点比度中心性低的节点更有可能得到新的连结关系，也就是说，一个人的朋友越多，他就越有可能认识新朋友（Barabási and Albert，1999；Barabási，2012）。

现实世界中的许多网络兼具小世界性和无标度性，这种类型的网络被称为复杂网络，具有与规则网络和随机网络完全不同的统计特性。图 2 - 1 可视化了几种典型的网络。小世界网络和无标度网络的研究成果在社会上引起了巨大的反响，大量学者涌入到复杂网络理论和应用的研究当中，关于复杂网络的各种新发现也迅速地涌现。

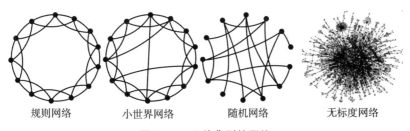

规则网络　　　　小世界网络　　　　随机网络　　　　无标度网络

**图 2 - 1　几种典型的网络**

在复杂网络理论随后的发展过程中，Kurant 等（2006）提出了层次网络模型，作者以火车客运网络为例，将站点间实际存在的线路作为底层物理拓扑网络，始末站点间的交通流作为上层逻辑网络，研究了两层网络的拓扑结构，探讨了双层网络的级联失效问题（Kurant and Thiran，2006）。随后学者又提出了二分网络，即"双模式"网络（2 - mode Network），网络中包含两类不同的参与者（Dorogovtsev et al. ，2008）。最近，Shao 等（2012）和 Shao and Sui（2014）又构建了多子网复合网络（Multi-subnet Composited Complex Network，CNN），以同类个体组成的子网（Subnet）为基本单元，由不同子网复合而成的网络即为多子网复合网络，根据研究的关注点，可以对复合网络进行重组或收缩。

虽然复杂网络的研究兴起不久，特别是小世界网络和无尺度网络的研究，但是复杂网络理论呈现出巨大的发展潜力和广泛的应用前景。复杂网络理论的应用领域涉及了社会学、经济学、管理学、医药、生态学、生物学、工程技术等学科领域。这些学科领域的学者纷纷加入复杂网络的应用研究中。研究所涉及的网络主要包括流行性疾病的传播网络、演员网、公司董事网、人类性关系网络、神经网络、生态网络、万维网、电力网、航空网、新陈代谢网等。

尽管复杂网络理论和应用已经取得了巨大的进展，但是截至目前，还未有一个明确的复杂网络定义，学者都只是从不同的角度对复杂网络进行研究。

复杂网络理论在创新研究方面具有广阔的应用前景。技术由简单走向复杂的过程，也是创新组织活动网络化的过程。复杂创新网络是呈现出高度复杂性的创新网络。许多学者验证了创新网络的复杂性特征。Verspagen 和 Duysters（2004）较早研究了战略技术联盟的小世界性，验证了企业间的创新战略联盟关系的连结机制以形成复杂创新网络，从而满足系统性创新的基本制度。在创新网络中，企业会呈现中"聚集"和"桥架"的现象。"聚集"现象增进企业之间的信任感，而"桥架"现象拉近了企业间的距离，从而使它们更容易获取其他企业拥有的信息。Fleming 等（2007）研究证实了合作创新网络的小世界特性，虽然他们的研究并未发现小世界特性增强创新。田钢与张永安（2010）应用仿真模拟的手段验证了集群创新网络的复杂适应性，同时也验证了集群创新网络的小世界性、集聚等复杂性。Guan 和 Zhao（2013）证实了纳米生物制药领域的产学研合作网络的小世界特性及其对创新绩效的倒 U 型影响关系。

## 2.2 创新网络化研究

创新是一个问题解决的过程，在这个过程中，通过局部搜索或者是远距离搜索发现创新方案（Dosi，1988）。它包括扩展企业已有的知识基础，这就需要获得外部来源的新知识（Nelson and Winter，1982）。发明的搜索与发现过程在本质上都是复杂的、非线性的、杂乱的（Maggitti et al.，2013）。先有研究表明，新知识的创造主要源于先有知识的组合，或者是知识要素的重新配置方式，或者是新的创造性活动（Nelson and Winter，1982；Fleming，2001）。

熊彼特于 1912 年在《经济发展理论》一书中提出了创新的概念。创新是将一种从未有过的生产要素的"新组合"引入到生产体系当中（熊彼特，1990）。自熊彼特提出创新理论以来，创新经历了技术推动、需求拉动、技术与市场交互、一体化创新、系统集成网络化创新的数代发展。创新模式呈现线性创新模式向非线性创新模式转变、由单一创新主体的创新组织活动到网络系统化的创新组织活动的演变过程。

著名的创新学者 Freeman（1991）在早期的创新文献中认为创新网络是为了进行系统性创新而做出的一种基本制度上的安排，网络架构的主要联结机制是企业之间的合作创新关系，并进一步将创新网络的类型划分为：合资企业和研究公司、合作 R&D 协议、技术交流协议、直接投资、许可协议、分包、生产分工和供应商网络、研究协会或政府资助的联合研究项目等。Freeman（1995）等学者提出了"国家创新体系"的概念，指出国家创新体系在本质上是由公共部门和私有部门及机构组成的网络系统，将创新归结为一种国家行为，创新过程需要政府、企业、大学、研究院所、中介机构等多种创新主体的互动作用，并将创新作为国家发展和变革的关键动力系统。Etzkowitz 和 Leydesdorff（1997）最早提出了创新三螺旋模型的概念，用来分析政府、企业和大学三者之间的动力学模式。创新的三螺旋模型倾向于从社会学的角度来研究创新活动的组织形式及实现问题，认为大学、企业和政府是社会活动的主要参与者。

创新由最初的线性模式经历了互动式创新模式逐渐发展到当前的非线性创新模式。创新网络就是非线性创新模式的一种表现模式，认为创新是诸多因素及主体作用下涌现的结果。在当今知识经济时代，科技创新活动中各主体间的联系不再是简单的线性联系，创新链条也不再是单一、简单的线性链条，创新是一个复杂的系统工程（宋刚等，2008）。

在知识经济时代，将创新纳入到"网络"的研究范式之下，是科技创新发展的必然结果。创新过程的复杂性及多投入性、创新环节的跨学科性和创新结果的不确定性是知识经济时代科技创新的重要特征。因而，严格意义上讲，如果没有外部资源的介入，单个创新主体就无法完成复杂的创新活动。

学者从交易成本理论（Yamin and Otto，2004）、资源依赖理论（Hirschman，1970）、"嵌入性"理论（Granovetter，1985）以及分工整合理论（Lane，2001）来说明创新网络的形成机制。创新网络化组织的意义在于降低创新的成本及风险、享有规模经济和范围经济、共享资源、互惠、应对内外部不确定性的环境等（Oliver，1990）。

创新过程中的复杂问题的解决源于创新主体不断的交互过程，创新主体如大学、研究机构、企业、政府机构、风险投资者等，这些组织机构生产与交换知识、金融资源或者是创新网络中的其他资源（Ahrweiler and Keane，2013）。Li 等（2013）认为创新网络有助于突破个人认知、知识等的局限性。创新者通过嵌入在创新网络中，能够获得某些市场交易无法获得的知识、互补性的设备与资源等（Arya and Lin，2007；Gonzalez－Brambila et al.，2013）。Provan 和 Kenis（2008）指出组织机构形成网络具有多种原因，包括需要获得合法性，更有效地服务顾客，吸引更多的资源，解决复杂的问题。不考虑具体的原因，从一般意义上说，所有的创新网络形成都是为了达到单个创新主体单独行动无法完成的目标。

## 2.3 创新网络功能研究

### 2.3.1 创新网络功能的相关研究

近几年来，一些学者对基于合作关系或合著关系结成的合作创新网络、创新集群、创新联盟的功能机制开展了大量理论和实证研究，这些研究的焦点是网络关系及网络结构特征对创新绩效的作用及影响。

封闭性的创新网络还是开放性的创新网络更有益于创新？这一直是创新研究持续争论的问题之一。Coleman（1988，1994）提出了封闭性的网络理论，即社会结构的封闭性，他关注关系的质量，强调职业网络中个体团结一致的优势。Burt（1992，1997）提出了结构洞的理论，他关注关系的结构布局，强调占据结构洞位置的网络个体的信息优势与控制优势（Burt，1992，1997）。根据 Coleman（1988，1994）的封闭性的网络理论，职业网络的封闭性使得网络成员更愿意共享隐形知识。因为，在封闭性的网络中，网络成员的机会主义很容易被侦破，嵌入在封闭性网络中的个体能够避免其他个体的机会主义行为；相反，嵌入在稀疏或开放性的网络中的个体不易被检测到，因而具有很大的参与机会主义行为而不受惩罚的机会（Brass et al.，1998；Adler and Kwon，2002）。根据Burt（1992，1997）的结构洞理论，占据结构洞的自方（Ego）通过"桥架"对方（Alters）而获得优势，因为对方通过自方获得信息、资源和机会。此外，具有许多结构洞的稀疏网络提供了大量的非冗余信息（Adler and Kwon，2002）。

封闭性和开放性的理论视角激发了大量的实证研究。大多数研究得出了一个折中的观点，表明这两种观点的科学性及有效性主要取决于具体的创新任务特征。例如，Hansen（1999）的研究表明当任务具有相关的复杂性及不确定性特征时，创新主体更易于从封闭性的网络中获益；然而，当具有不太复杂、确定性的任务特征时，创新主体更易于从稀疏的网络中获益（Hansen，1999）。Uzzi（1997）对组织网络嵌入的研究也得出了类似的结论。然而，Gabbay 和 Zuckerman（1998）对科学家研发合作的研究却发现了相反的结论：在基础研究中，以复杂性与不确定任务为特征时，科学家从稀疏的网络中获利；然而在应用研究中，以非复杂性与确定性任务为特征时，科学家却从密集的网络中获利。McFadyen 等（2009）发现当科学家嵌入在强连结与稀疏的合作网络中时，他们能够在高影响力的期刊上发表更多的文章。

Schilling 和 Phelps（2007）采用了 11 个行业的纵向数据通过实证研究，证明了网络聚集和网络可达性能够增加网络成员的创新绩效。该研究表明网络通过聚集能够获得较高的信息传递能力，通过网络可达性增加了网络成员收到信息的数量及多样性，因而能够使得网络成员获得较高的创新绩效。关于小世界网络的研究也得到了类似的观点。小世界网络在集群内部具有高度的密集性（强连结与封闭性），不同集群之间具有大量的弱桥连接（Watts and Strogatz，1998）。在这些研究中，同时具备以下两个条件的团队或区域更具创造性：集群内部的强连结和集群之间的桥连结（Uzzi and Spiro，2005；Capaldo，2007；Fleming et al.，2007）。

究竟哪种社会资本更有利于创新，Rost（2011）认为不是在结构洞与封闭网络中二选一，而是 Burt 的社会资本理论补充了 Coleman 的封闭性网络理论。更具体地说，在强连结出现时，弱网络结构（weak network architecures，结构洞或外围的网络位置）能够利用强连结对创新起到作用，这意味着，如果不存在强连结，弱网络结构不具有价值；然而，如果不存在利用强连结的弱网络结构，强连结具有某种程度的价值。Rost（2011）研究表明，现有创新研究可能高估了弱网络结构对创新的影响作用。

创新网络中各创新主体之间复杂的交互作用使得创新网络对创新的作用并非只呈现单一的线性关系。Chen 和 Guan（2010）对国际合作创新网络的研究表明：网络聚集系数与小世界特性对创新产出呈现倒 U 型的影响关系，即适度的聚集系数与小世界商数对专利产出具有促进作用。在创新网络发展初期，当参与创新网络的个体间的联系不是很密切时，增加创新网络中个体间的联系能够增加彼此的信任、提高信息传递效率和信息分享的多样性程度，从而提升创新绩效；当网络密度增加到一定值时，继续增加个体之间的联系，将带来过多的共识性信息，同质性的知识会抑制独到见解的产生，从而阻碍创新（Gulati et al.，2012）。此外，网络聚集程度的增加有助于提升创新个体之间的彼此信任的程度，从而制约网络的机会主义行为，分摊创新风险。Guan 和 Zhao（2013）对纳米生物制药领域的产学研合作创新网络的研究也得出了网络聚集特性和小世界特性对组织机构创新绩效的倒 U 型关系，与以往研究只考虑专利数量所不同的是，因为专利具有不同的技术值和经济价值，该研究以专利家族数加权的专利值代替以前的简单的专利计数，以体现专利的经济价值差异。Karamanos（2013）探讨了联盟网络结构的自我网络层面和整体网络层面的结构布局对探索性创新的影响，也发现了网络特征与创新产出间的曲线关系。Zhang 等（2014）探讨了合作网络的小世界性及其对中国专利生产力的影响，与西方国家相比，中国创新网络的小世界现象变得更加明显，实证结果表明小世界网络只对那些专利多产地区的专利生产力具有显著的影响，如北京和上海。

网络规模对科技创新的作用历来也是研究者争论的热点。根据新古典经济学理论，网络影响力的研究是以网络规模为中心的，认为网络成员数量越多，那么每个网络成员可以获得网络价值就越大（Afuah，2013）。Afuah（2013）的研究认为网络结构（交易的可行性、成员的中心性，结构洞，网络连结，每个网络成员所起作用的数量）和网络行为（机会主义行为、声望信号、信任感知）对网络价值具有显著的影响，并且指出如果网络研究忽略网络结构与网络行为，而只关注网络规模的影响，就可能会导致错误的决策。

有学者基于网络结构嵌入理论，关注网络嵌入对创新产出的作用。Li 等（2013）对合著创新网络的研究发现创新主体的中介中心性在利用合著网络中的非冗余资源上起着最重要的作用，它对论文引文量具有显著的正向影响；多产合著者的数量、团队研究与发表任期有助于研究者取得更大的接近中心性与中介中心性，从而促进高引文量，它们对创新产出的作用是间接的。Gonzalez – Brambila 等（2013）研究了个体层面的科学合作网络，同时关注了网络参与者的关系资本、结构资本与认知资本，发现具有众多连结与频繁连结的科学家更易于产生更大的影响力，表明科学家个人关系的宽度与深度确实能够带来多样化的思想，从而促进高质量的研究产出（Burt，2004）。

任胜钢等（2012）也基于网络结构的嵌入理论，研究了不同网络结构维度对企业渐进式创新行为及突破式创新行为的影响。他们的实证结果发现，企业的关系强度、网络位置和网络密度均对渐进式创新产生显著的正向影响，而这些网络特征对突破式创新产生显著的负向影响；网络异质性对渐进式创新产生显著的负向影响，但它对突破式创新产生显著的正向影响。在联盟网络嵌入对企业创新影响的研究中，大多数研究忽略了制度环境的影响。Vasudeva（2013）填补了这个研究空白，他将国家制度纳入创新网络的研究中，研究发现国家制度影响具体的网络位置，进而影响创新。

有学者关注创新主体的网络位置对创新产出的作用。Cattani 和 Ferriani（2008）分别研究了个体层面的创新网络与团队层面的创新网络，发现网络中心与网络外围的中间位置（Intermediate Core/Periphery Position）是增强创新的优势位置，居于这个位置的创新个体能够促进创造性产出。因为，一方面，创新个体接近网络中心，他们能够从直接接触社会合法性的资源和对持续创造绩效的关键性支持中获利；另一方面，他们又不与网络外围失去联系，从而能够获得新鲜的思想、知识，它们一般在网络边缘比较兴旺，因为可以避免从众的压力（Cattani and Ferriani，2008）。Rotolo 和 Messeni Petruzzelli（2013）实证发现了科学家的网络位置与创新产出之间的倒 U 型关系，即虽然占据中心位置的科学家具有更好的产出，但科学家的科学生产力在中心性达到一定的临界点后开始下降。

Provan and Milward（2001）建立了一个评估公共部门组织网络的框架图。他们认为对网络作用机制的评估应该建立在三个分析层面上：网络层面、群体层面、组织/参与者层面（见图 2 - 2）。这三个分析层面的网络作用是相互关联的。任何一个网络都是由二元连结（两个节点和它们之间的连结）、三元组（三个节点和它们之间的连结）、派系（三个或更多个节点，它们之间彼此相连）和更大的结构如连通图（在连通图中，所有的节点通过直接或间接的连结能够彼此通达）组成。从理论上讲，研究者能同时关注不同层面的网络特征对创新的影响。先前的研究探讨结构洞位置通过单层面的模型，描述结构洞位置的积极影响。Bizzi（2013）建立了一个多层面的研究模型，包括了网络个体层面与网络群体层面，发现了结构洞不利的一面，也就是说，虽然个体层面的结构洞对个体产出具有正向影响，但是结构洞的群体均值和群体变异对网络参与者的产出具有负向影响。

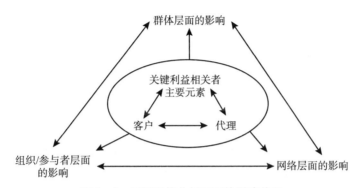

图 2 - 2　不同网络分析层面的影响关系

资料来源：Provan and Milward（2001）。

　　有学者认为多层面的模型（Multilevel Models）更有助于理解不同层面和跨层面的创新现象（Gupta et al.，2007）。一些学者开展了多层网络对创新绩效的影响研究。Paruchuri（2010）研究了企业间网络及企业内部发明者间网络的特性对创新绩效的影响，主要是探讨企业在企业间网络中的结构中心性和结构洞跨度对发明者在企业内部网络中的结构中心性与发明者的创新绩效间关系的调节效应，实证结果验证了假设。Guan 等（2015）将国家间的发明合作网络和城市间的发明合作网络整合在一个分析框架中，研究了它们的关系和结构特征对创新绩效的影响，研究结果表明：国家间的合作网络结构对城市间的合作网络结构与创新绩效间的关系具有调节作用，当国家间合作网络的中心性和结构洞较高时，城市间合作网络的中心性和结构洞对创新绩效的正向影响被增强，并且城市间合作网络的聚集系数对创新绩效的负向影响被削弱。

### 2.3.2　创新网络功能研究评述

　　近年来，学者在创新网络功能机制方面开展了大量的实证研究。

从网络研究的层面来看，无论是对战略联盟网络、合作研发网络还是合著创新网络的研究，现有研究主要集中在两个互补的视角，即自我中心网络层面（Ego-network Level）与整体网络层面（Global-network Level），关注这两个层面的网络关系特征与拓扑结构对创新的作用。目前，还鲜见对群体网络层面（Network Communities Level）的网络关系特征和拓扑结构对创新作用的研究，以及不同网络层面之间的交互作用对创新影响的研究。

创新网络功能的相关研究主要回答了以下问题：（1）二元关系或网络连结对企业创新的影响如何；（2）什么类型的连结关系对个体网络成员最有利或最不利？即弱连结有利于企业创新还是强连结有利于企业的创新活动；（3）什么样的网络位置最有利或最不利于企业的创新活动，即企业处于网络的中心位置促进创新还是企业居于网络的外围位置有利于创新，以及企业占据结构洞的位置是否有利于创新还是居于密集性的网络中有利于创新等。

从研究的内容看，大多数研究主要关注创新主体的网络关系及结构拓扑特征（如关系资本与结构资本等）对创新的作用。现有研究对创新主体的网络行为及自身特性关注程度非常低，如机会主义行为、声望信号、合作创新的意愿及动机等。此外，现有研究主要关注创新网络的静态特征，鲜有研究关注创新网络中创新主体的动态性特征，如流动性等。现有研究多关注创新网络关系和结构特征对组织机构或个体创新者整体创新绩效的作用，而创新网络关系和结构特征对不同的创新活动如利用性创新和探索性创新的作用是否相同？现有研究关注较少。

从研究的网络类型来看，现有研究主要关注创新主体结成的研发联盟、产学研合作创新网络以及合著创新网络等社会关系网络，研究嵌入在这些创新网络中的创新主体的关系资本、结构资本等对创新的影响。然而，在实际创新过程，企业不仅嵌入在社会网络中，而且嵌入在知识网络中。现有研究对知识元素结成的知识网络如何影响创新关注较少，将社会网络和知识网络整合在一个分析框架中的研究更少。

从网络研究的层面来看，现有研究主要关注某个层面的单一网络对创新的作用，而对多网络研究以及多网络交互关系对创新作用的研究较少，这就包括了较高层面的企业间的网络以及较低层面的企业内部网；也包括了较高层面的国家网络以及较低层面的区域网、城市网络等。

## 2.4　创新网络动态演化研究

### 2.4.1　创新网络动态演化相关研究

网络结构特征的变化是网络演化研究的主要关注点之一。刘凤朝等（2011）研究了中国"985"高校的产学研专利合作网络的结构及其演化路径，研究发现，合作网络的演化呈现出明显的阶段性特征，随着时间的推移，合作网络的规模不断增大、网络参与者间的联系迅速增多，网络的连通性也越来越强。有学者发现网络地位位置具有自我增强的特性。网络地位代表了一个组织相对于其他组织来说，居于网络何种中心性的位置。网络中心地位越来越被认为对组织有利，如地位促进活动者的资金流、资源和机会，促进活动者进入新的市场，并最终增强组织绩效。网络活动者地位位置的自我自强的本质体现了"富者更富"，也就是"马太效应"，从而网络呈现出无标度的特征（Gould，2002；Podolny，2010）。Gulati 等（2012）的研究强调在网络宏观层面及个体活动者微观层面的小世界系统的演化动态，双重的分析视角表明小世界系统是高度动态的并且呈现出倒 U 型的演化模式，并从三个方面解释了网络演化后期小世界性的下降：（1）演化的社会结构之间递归的关系及活动者之间形成桥连结，最终同质化信息空间及减少活动者形成桥连结的偏好，从而导致一个整体分离的网络；（2）小世界网络的自足性，或者说社会系统的同质性逐渐增大，这使得小世界性对于新的活动者不再具有可接受性和吸引力，因而限制了与外部集群之间桥连结关系的形成；（3）小世界网络的分裂，或者是小世界系统没有能力保持现有的集群。

  网络演化的动力机制也是网络演化的关注点。Powell 等（2005）开发和验证了四个连结逻辑：累计优势、同质性、跟随趋势和多重连结，并用来解释生物技术领域组织机构之间合作网络的结构和动态过程。他们使用网络度分布、网络可视化和多元概率模型来检验二元连结关系，从而证实了网络演化的不同规则。Ahuja 等（2012）给出了网络演化的动力模型（见图 2-3），认识到诸如显著性吸引、中介、封闭、传递性、同质性、异质性等微观动力机制决定组织网络的涌现与演化，而这些微观动力源于网络演化过程中一系列的微观基础，作者识别了四种微

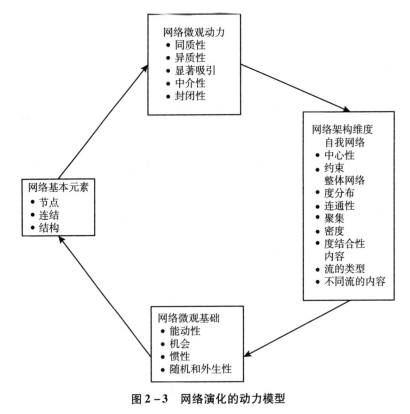

**图 2-3 网络演化的动力模型**

资料来源：Ahuja 等（2012）。

观基础：能动作用、机会、惯性和外生/随机因素。能动作用，促进网络形成和演化的一个关键因素是活动者有意识的创造有利于它们的社会结构，一般称为能动作用的行为；机会，诸如推荐或亲近的微观动力，许多网络行为出于便捷性；惯性，在活动者交互作用的背景下形成的惯例、标准或习惯，连结也趋向持续或发展；网络的演化也可能仅仅通过超越自我控制的随机因素或源于网络外部的外生因素产生。

偏好连结（Preferential Attachment）是网络增长的动力机制之一，意思是说，一个网络节点具有的连结数越多，未来它就越可能获得更多的连结数量（Barabási，2012）。也就是，一个人的朋友越多，就越有可能认识新的朋友。因此，在偏好连结的作用机制下，网络容易形成网络中心（Network Hub）、集群（Cluster）或抱团。Wang 和 Zhu（2014）研究了通信领域科学研究合作网络的演化机制。他们关注的问题是当一个新的学者进入一个研究领域时，他/她如何从可得的学者集合中选择第一个合作者。他们的研究发现新的学者倾向于与那些在同一个机构工作的学者建立合作关系，这被称为被动接受（Constrained Acceptance）；或者是倾向于与那些具有相同专业兴趣的学者合作，这被称为理性选择；或者是倾向于与那些已经具有许多合作者的研究者合作，这被称为随机选择。其中，被动选择和理性选择可以视为同质性的论据，因为相似性就是吸引力；而随机活动可以视为偏好连结的论据，因为名声（Popularity）就是吸引力。他们的研究结果不仅证实了同质性和偏好连结影响科学合作网络的演化，而且证实了在合作网络演化的不同阶段，哪种机制起主导作用：在合作网络发展的早期阶段，随机选择是网络演化的主导机制；在网络演化的中期和后期阶段，理性选择逐渐成为网络演化的主导机制。

Giuliani（2013）应用随机行动者导向模型，探讨了新知识连结形成的微观动力基础，研究发现集群中某些企业的聚集效应（互惠机制和传递性机制）及弱知识基础导致稳定的非正式层次网络结构。另外，由于连结形成的保留机制，即新连结关系容易复制旧连结关系，从而造成现有网络结构的增强，网络演化很可能呈现出路径依赖性（Glückler，2007）。

内生性因素和外生性因素影响网络随时间的演化，外生性因素包括环境动荡和变化（Zaheer et al.，2000）。网络演化是内生性因素，任何行动者的连结形成与分解不仅影响它们随后的行为而且影响行动者与哪些行动者连结。

一方面，研究者强调网络演化的内生性动态过程。持该种观点的学者认为网络参与者的社会资本是影响网络演化的主要因素，如行动者在网络中结构的、关系的和位置的因素（Gulati and Gargiulo，1999）。现有网络结构信息是未来潜在网络关系的信息库，即在某种程度上活动者依靠过去网络结构呈现出来的连结关系信息决定将来与谁建立新的连结关系。

Gulati（1995）探讨了社会结构如何影响企业间联盟的形成模式，研究发现企业更倾向于与现有的合作伙伴或合作伙伴的伙伴结成合作关系。Demirkan 等（2013）对美国生物技术企业的合作创新网络演化进行了探讨，发现创新者现存的网络规模及网络连结强度对网络演化具有显著性的影响。Castro 和 Casanueva 等（2013）概念化与可操作化了能动作用与机会两个维度的微观基础，通过网络仿真研究，证实了管理者有意的内生性动态过程对联盟组合中合作伙伴选择产生重要的影响，并继而影响联盟组合的动态配置过程。Cannella 和 McFadyen（2013）探讨了知识工作者自我网络为何呈现出现有的结构，为什么和如何随时间演化。他们关注了知识工作者自我网络的两个维度：新直接合作伙伴的添加和现有合作伙伴的分离，研究发现两个网络维度：自方和对方的连结强度及对方之间的连通性水平影响知识工作者自我网络的演化。

Milanov 和 Shepherd（2013）以新进入者为研究对象，探讨了新进入者的初始网络关系对他未来网络地位的影响。Dahlander 和 McFarland（2013）区分了组织内部网络连结形成与持续相关的因素，研究发现，当不熟悉的人识别了潜在合作期望与匹配特质时，连结形成；相反，当熟悉的人考虑他们关系的质量与共享的经验时，连结持续。

另一方面，研究者关注网络演化的外生性动态过程。影响网络演化的外生性因素包括环境动荡与变化，如制度与技术环境等的变化（Madhavan et al.，1998）。Koka 等（2006）从理论上探讨了环境变化与网络变化模式之间的关系，考虑了环境不确定性与环境富裕度两个环境维度，以及网络扩张、网络动荡、网络增强、网络收缩四个网络变化模式，建立了两个环境维度与四个网络变化模式之间的概念模型，并指出网络演化是企业的网络环境与其他战略共同作用的结果。田钢与张永安（2010）认为集群创新网络的演化是网络参与主体适应环境而调整自身行为的结果，他们构建了集群创新网络演化的环境—行为动力模型。Baum 等（2013）强调了互补性知识存量与知识动态对合作伙伴选择的作用。相比之下，知识存量和知识动态受到的关注比社会资本受到的关注少。

Powell 等（2005）研究发现了网络演化过程中的"累积优势"，即活动者之间的现有连结关系影响后续连结关系的形成，从而造成活动者之间连结关系的增强或提高活动者的优势。然而，累积优势的研究主要探讨的是已经确立关系的网络在位者（Gulati and Gargiulo，1999）。

网络演化是一个复杂的过程。从演化的分析层面来看，包括微观层面（自我网络）的网络演化和整体网络结构的变化。微观层面的网络演化，如连结关系的形成或终止，以及网络节点的变化，如节点的进入或退出，影响网络的结构布局；微观层面网络变化的因素可以归结为三类：组织的、关系的和环境的因素（Kudic et al.，2012）。Kudic 等（2012）提出了一个网络演化的概念框架（见图 2-4），包括三个模块：网络演化的决定因素、微观层面的网络变化过程和网络变化的结构后果。Ahuja 等（2012）认为整体网络层面结构的变化和自我网络层面节点和连结的微观动力以复杂的、相互依赖的方式共同演化。连结和节点层面微观动力的复杂结合影响自我网络，而自我网络层面的聚合决定了整体网络层面结构的演化轨迹。同时，整体网络层面结构的转变创造新的诱因、机会和约束，而它们又会影响网络的微观动力，以及后一时期自我层次连结和节点的变化。

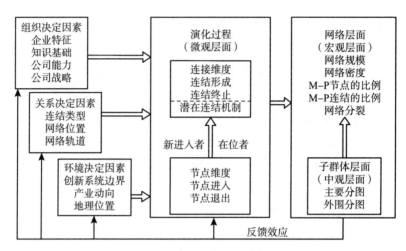

图 2 - 4　网络演化的概念框架

资料来源：Kudic and Pyka 等（2012）。

## 2.4.2　创新网络动态演化研究评述

从创新网络动态演化的现有研究现状来看，学者关注的主要研究问题有：创新网络演变与发展所呈现出来的阶段性特征是什么；网络演变的动力机制有哪些，如偏好连结、同质性机制以及传递性机制等；网络演变的内生性因素与外生性因素是什么，网络演化的内生性过程主要关注网络自身的关系或结构特征，网络演化的外生性过程主要关注外部环境的动荡与变化。

从网络演化的分析层面来看，现有研究特别是国内的研究对整体网络层面的结构及模式的变化关注较多。虽有极少数的国外学者开始关注自我网络维度变化的动因，但是这种关注还远远不够，特别是自我网络增长和自我网络多样化的动因。另外，对于研究的具体产业或技术领域，现有研究还未涉及纳米能源科技领域创新网络的演化。

## 2.5　知识网络研究

### 2.5.1　知识网络相关研究

技术创新并不是一个无中生有的过程，企业原有的知识基础是进行创新的必要条件（Matsumoto，2013）。任何创新的涌现必然伴随着前期的知识积累，只有在相关领域的知识积累足够扎实，并且人类的探索活动不断反馈的基础上，才可能孕育出新的创新。即任何创新都不是无中生有，它建立在不断探索实践、知识不断完善的基础之上。某个企业的知识基础是该企业内部各类知识元素的集合，包括了信息、科技、关键技术和技巧等（Jaffe，1989）。

Henderson 和 Clark（1990）曾经指出建立在全新知识基础上的创新只是少数的，更多的创新是对现有知识的重新集成。创新的涌现源于现有知识要素的组合或重组（Schumpeter，1934；Weitzman，1998；Carnabuci and Operti，2013）。Nerkar（2003）的研究也指出先有知识的集成或重新集成同样是独特性和新颖性的创新来源。Carnabuci 和 Operti（2013）对半导体企业实证研究发现，企业的创新性受到它重组现有技术能力的驱动。企业可以通过两个方面创新：一是通过重组性的创新，也就是创造企业原先没有的技术新组合；一是重组性利用，也就是重新配置企业已经存在的技术组合。

由不同知识元素或技术单元所构成的知识网络不同于创新主体间的社会关系所结成的社会网络（包括研发联盟、合作创新网络、合著网络等）。知识网络度量的是知识元素或技术单元之间的联系，即知识或技术的关联性，知识连结传递的是知识流、技术流（Yayavaram and Ahuja，2008）。社会网络度量的是创新参与者之间的社会连结关系。知识网络是科学知识或技术知识核心的连结关系形成的（Yayavaram and

Ahuja，2008；Carnabuci and Bruggeman，2009）。这些知识与技术元素在探索实践与实验过程中重新组合并导致创新（Carnabuci and Operti，2013）。

尽管存在知识网络，但学者多关注知识基础的定性方面和定量方面。组合或进一步重组熟悉的知识元素能够增加发明的有用性（Fleming，2001）。Lane 和 Lubatkin（1998）将知识基础划分为两类：基础知识和专业知识。基础知识是对一个学科潜在的传统和技术的一般的理解，而后者则包括了所有剩余的元素。在隐形知识和显性知识研究的基础上，Moodysson 等（2008）提出了解析的知识创造模式和综合的知识创造模式。解析的知识创造通过创造新的知识进行创新，而综合性的知识创造是通过应用现有的知识或创新性的组合进行创新。

在知识基础的数量特征方面，Huang 和 Chen（2010）研究证实了企业技术的多样性与创新绩效之间的倒 U 型关系。Moorthy 和 Polley（2010）实证研究发现技术知识的宽度和深度，而不是知识存量，能够较好地预测企业绩效的三种测度，那就是投资回报率、销售增长和托宾Q 值。Boh 等（2014）探索了发明者的知识宽度和知识深度如何影响3M 公司的创新，研究发现发明者的知识宽度与产生发明的数量有关系，但是不一定与技术影响力有关系；发明者的知识深度能够使发明者产生技术上有影响力的发明；然而，根据创新者的发明转化为商业化成功的产品的记录，知识宽度和知识深度应该被认为是非常有价值的。

在知识基础的结构方面，少数学者开展了一些研究。Yayavaram 和Ahuja（2008）开创性地研究了世界范围内半导体产业组织机构的知识基础结构以及技术知识元素之间的耦合模式对发明有用性的影响，研究发现知识元素的耦合模式呈现出组织变异性，存在完全可分解的、几乎可分解的和不可分解的耦合模式。知识基础结构的变异，而不是知识元素本身的变异，造成组织机构对它们的知识元素的使用可能不同。他们的研究发现几乎可分解的知识基础结构能增加发明有用性。

Carnabuci 和 Bruggeman（2009）探讨了知识专业化和知识中介性对知识增长的作用，研究发现知识的这两个特征对知识增长的作用是相反模式，分别带来思想的同质性与异质性。企业的知识基础是企业技术创新的起点，为了探索企业的知识基础网络结构特征对企业技术创新绩效的作用关系，刘岩与蔡虹（2012）收集了中国电子信息行业 31 家企业的相关发明专利数据，基于专利信息中的国际技术分类码的共现信息构建了知识基础网络，通过实证研究发现：企业知识基础的网络密度和分解性都对企业技术创新绩效呈现倒 U 型的影响，但是他们未发现企业知识基础的网络中心性对企业技术创新绩效的曲线作用关系。企业知识基础的网络密度用来衡量企业技术领域间的交叉程度，如果密度越大，则说明技术领域间的交叉程度就越高。当今知识经济时代，新老技术的更替速度不断加快，因此，企业知识基础网络密度不一定越高越好，因为过高的网络密度可能带来较大的企业知识元素重组难度。从这种意义上说，企业有必要建立一个技术领域交叉适度的知识基础，这样才能在未来的竞争中具有更强的技术能力，获得更高的技术创新绩效。

Wang 等（2013）强调创新中知识网络的重要性。她们分别构建了发明者间的合作网络与企业内部的知识网络，探索这两个网络的关系及结构特性对发明者探索性创新绩效的作用。实证结果表明：发明者的知识元素如果富有结构洞的话，那么将会为企业带来较少的新知识；然而，如果发明者的合作网络富有结构洞的话，则将激励发明者的探索性活动；知识要素的度中心性对发明者的探索性创新呈现非单一的倒 U 型关系；发明者合作网络的度中心性对探索性创新呈现负向影响。

## 2.5.2　知识网络研究评述

任何创新都建立在一定的知识基础之上，创新主体的知识基础是进行创新的必要条件。从对知识基础的研究现状来看，现有研究对知识基础的定性特征和数量特征关注较多。对于知识基础的数量特征，现有研究的关注点是知识基础的深度、宽度以及多样性等对创新绩效的作用关系。

自从 Yayavaram 和 Ahuja（2008）对知识基础结构的开创性的研究

以来，陆续有少数学者开始关注知识基础的结构方面及其对创新的作用关系。但现有研究对知识基础结构特别是创新主体的知识元素或技术要素构成的知识网络对创新绩效有何作用的关注度还不够，如知识的密度、中介性、知识连结的冗余性等如何影响组织机构的创新。

## 2.6　本 章 小 结

　　本章的目的是从复杂网络理论发展及应用、创新网络化发展、创新网络功能、创新网络动态演化、知识网络几个方面对国内外研究现状进行综述和评价，总结当前相关研究已经取得的成果并剖析当前研究的不足，定位本研究的目标和内容。本章节文献综述和评述工作为后续章节研究工作的开展提供翔实的背景资料。

# 第 3 章

# 纳米能源科技及其创新网络的复杂性[*]

## 3.1 纳米科技及能源

### 3.1.1 纳米科技

纳米科技起源于 20 世纪 80 年代末,是目前正在崛起的科技领域,被世界各国公认为 21 世纪最重要的战略科技领域之一。纳米科技领域交叉了物理学、化学、材料科学、生物学、医学和电子学等诸多学科的知识,是前沿和交叉性的新兴学科领域。纳米技术是在纳米尺度 (1nm ~ 100nm) 范围内研究、控制和重构原子、分子、原子团和分子团等物质的特性及相互作用,利用这些特性及相互作用使物质重新排列和组合,从而能够创造出具有新的物理、化学、生物特性的新材料、器件、设备和系统 (Roco et al., 2011)。纳米科技扩展和深化了人类认知和改造物质世界的能力和手段,使人们能够在分子、原子的微小尺度上制造材料、器件和设备,引爆材料、能源、生物和农业、环境、医疗和卫生等

---

* 本章部分研究内容已发表在: Journal of Nanoparticle Research, 2014, 16: 2356; Energy Policy, 2016, 91: 220 - 232.

领域的科技革命。纳米科技对人类的生产和生活方式产生重大的影响，不仅促进了传统产业的改造和升级，而且催生了新兴行业，成为 21 世纪经济的新增长点。由于其广泛的应用性和交叉融合性，纳米技术具备成为下一代通用技术的潜力（Roco and Bainbridge，2013）。实际上，纳米技术已经被广泛应用于制造、信息、能源、环境、生物医药与国防安全等领域（Roco et al. , 2011）。

### 3.1.2 能源

能源始终是人类生存、经济增长和社会发展的关键组成部分，是世界各国关心和瞩目的主要问题。能源短缺和环境问题仍然是当今世界可持续经济发展的主要问题（Schurr，2013；Liu et al. , 2014）。随着世界人口膨胀和持续的经济发展，近年来能源需求迅速增长。根据 2009 年美国能源情报署发布的《世界能源展望》报告，全球能源消费预计在未来 30 年中（2010～2040 年）增长 56%（EIA，2013）。英国 BP 石油公司在 2013 年发布的全球能源报告中指出全球能源需求在 2011～2030 年间预计增长 36%（BP，2013）。这巨大的能源消费增长主要是新兴经济体驱动的，如中国和印度。中国的能源需求量在 2007 年超过了欧盟，2010 年超过了美国，2013 年则超过了整个北美（BP，2014）。

以煤炭、石油、汽油和天然气等形式存在的化石能源不仅是不可再生的能源，并且它们的大规模消费排放了大量对环境有害的物质，导致了严重的环境退化和气候变化，如臭氧层耗竭、全球变暖、酸雨和 PM2.5 上升等（Adenle et al. , 2013；Manzano - Agugliaro et al. , 2013）。这些环境问题严重制约了经济的增长、危机了人类的幸福。节能减排和可持续发展成为当今社会发展倡导的一种趋势。考虑到能源安全和环境问题的紧迫形势，清洁和高效的能源技术的创新性进步成为改变能源现状和环境问题的强大潜在动力。

目前，在能源技术特别是清洁能源技术创新性进步的推动下，世界能源结构正在转变。可再生能源和核能的消费增长最快，它们每年都增长 2.5%（EIA，2013）。然而，世界上许多国家在生产这种类型的能源时仍然面临着巨大的技术障碍和昂贵的生产成本。在可以预见的未来，能源生产和消费仍然以化石能源为主（BP，2013）。正如 BP 在 2013 年的预测，石油、天然气和煤炭在 2030 年分别占有 26%～28% 的市场份额；而非化石燃料，包括核能、水力发电和可再生能源，在 2030 年分别拥有 6%～7% 的市场份额（BP，2013）。因此，为了促进经济和社会可持续发展，科学家和工程人员不仅需要开发具有超高效率和相对较低成本的可再生能源方案而且需要致力于改善现有的化石燃料系统。

## 3.1.3　纳米能源

纳米能源是对纳米技术、纳米材料在能源领域的应用。近年来，纳米科技在能源领域的应用成为学者、投资者与政府部门的新关注点。因为纳米科技创新对能源生产、存储、收集、转换、使用及管理等诸多方面具有实实在在的用途。这不仅从根本上增加化石能源的效率而且使可持续能源的商业化规模得以实现；此外，通过低排放甚至是零排放，纳米技术还能降低能源消费的环境影响（Tegart，2009；Guo，2012；So et al.，2012）。这种能源范式对能源安全和社会可持续发展具有重大的贡献。

纳米技术在能源领域的应用研究促使了一个有前途的交叉的多学科领域—纳米能源科技领域（Menéndez-Manjón et al.，2011）。纳米能源科技为改善现有的和开发新的具有超高效率和极小化环境影响的能源生产、储存、转换和使用方案提供了新机会（Guo，2012；Fromer and Diallo，2013）。在当今能源需求急剧增长和环境问题日益突出的社会背景下（Ruehl and Giljum，2011；EIA，2013；Liu et al.，2014），纳米能源研究的重要性不言而喻，并且它日益成为纳米科技领域研究和发展的重要议程（So et al.，2012；Diallo et al.，2013）。

世界上许多国家都非常重视纳米技术在能源领域的应用。2004 年，美国专门出台了《满足能源需求的纳米科学研究》报告，它将纳米能源科技领域作为美国纳米科学与技术研究的九大主要挑战领域之一（Alivisatos et al.，2005）。中国在国家"863"计划中设置了纳米能源材料研究专项，在《纳米研究国家重大科学研究计划"十二五"专项规划》中又将能源纳米材料与技术的研究作为纳米技术的九大主要研究任务之一。中国在纳米能源材料和技术的主要任务是发展纳米晶太阳能电池、新型薄膜太阳能电池、有机太阳能电池、热电电池、超级电容器等技术；在节能减排、新型催化剂、传统燃料高效利用方面的纳米新技术等；石油与天然气开采、运输及综合利用方面的纳米新技术；提高二次电池能量密度、动力型电池寿命，发展高效纳米晶储能材料等（中国科技部，2012）。日本、韩国、欧盟、加拿大等国家也都在国家大型计划中资助纳米科技在能源领域的应用。

目前，纳米技术在化石燃料低排放技术开发、碳捕获技术以及太阳能电池、太阳能转换、燃料电池、热电、催化剂、制氢及储氢、纳米摩擦发电等能源领域已取得了一定的进展（Serrano et al.，2009；Chen et al.，2012；Fromer and Diallo，2013）。有学者在国际纳米科技发展论坛上指出纳米科技对整条能源产业链的各个环节都具有举足轻重的影响。在当今清洁能源需求渐增的情况下，纳米能源科技有望成为主导未来能源发展的重要因素之一。

## 3.2　纳米科技政策及其对能源的关注

政府是创新的干预者，是国家创新网络的主要成员。政府通过创造良好的环境、完善市场机制、建立创新平台等措施不仅要支持传统型产业、资源型产业、国家大工程项目，而且更要支持、关心新兴高技术领域的发展。政府在创新过程中的作用具体表现为：（1）直接参与创新过程，政府部门以科技计划或课题项目的形式与企业、高校或研究院所开展合作，直接参与创新过程；（2）宏观调控与规范创新活动，政府通过出台各项科技规划、规章制度、政策措施等，实现对科技创新活动的宏观调控与规范。

纳米科技作为 21 世界的新兴科技，既改造和提升了传统产业，也促进了新兴行业。由于纳米科技对未来经济、社会发展的重要性，世界上许多国家都专门出台了本地区的纳米科技政策和规划，来推进本国纳米科技的发展，以抢占未来竞争的战略制高点。据不完全统计，世界上已经有 50 多个国家和地区制定了国家层面的纳米科技政策，规划纳米科技的发展方向，确定纳米科技发展的重点、给予纳米科技财税和政策上的支持。

纳米科技政策是政府部门发布的一系列促进或规范纳米科技发展的法律、法规、计划、规章、制度等，这是纳米科技发展的"阳光、空气和雨露"，是政府部门参与创新的重要体现之一。在本节中，我们选择将美国和中国两个纳米科技大国作为研究对象，关注这两个国家政府部门发布的国家层面的有关纳米科技政策，进而了解它们对纳米能源科技领域的关注。为了获得这两个国家的纳米科技政策，我们充分检索了美国和中国的相关政府部门的官方网站。我们对收集到的纳米科技政策进行了初步地略读，排除了一些不相关或相关性较小的政策。

## 3.2.1　美国的纳米科技政策

作为世界范围内纳米技术的主要领导者，美国政府自从 20 世纪 90 年代就是纳米技术的研究发展战略和财政上的支持者（见图 3 - 1）。早在 1991 年，为了促进纳米技术的优先发展，美国正式将纳米技术作为"国家的 22 项关键技术"和"2005 年的战略技术"。同年，美国国家自然科学基金会建立了它的第一个有关纳米粒子的项目（Roco，2011）。1997 年，美国国防部将纳米技术提升到战略研究领域的高度。为了在纳米技术领域提升国际竞争力和努力占据领导地位，美国的十多个政府机构在 1996～1998 年共同资助罗耀拉学院（Loyola College）的著名世界技术评估中心，开展美国、欧盟及一些其他国家和地区的纳米技术发展现状的调查评估，这为美国国家纳米技术计划（National Nanotechnology Initiative，NNI）的制定和颁布做出了充分的准备工作。

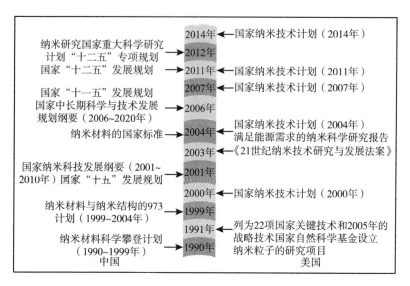

图 3 − 1　美国和中国的纳米科技政策及主要事件

　　NNI 是一个长期的国家层面的多联邦机构的合作计划，该计划实施最初是在 2001 年。该计划的目的是促进美国纳米技术的发展，通过在联邦部门或机构之间建立协调的目标、战略和研究领域并引导和影响这些部门或机构之间的合作、预算和计划（NSTC et al.，2000）。这些协调的努力能够有效地避免重复的投资和研究。

　　美国采用演化型的科技政策支持纳米技术领域的发展，即 NNI 计划是随时间不断调整的。通过仔细的研读 NNI 计划，我们发现该计划的结构和关注重点都随着时间不断变化（NSTC et al.，2000，2004，2007，2011，2014）。自从 2000 年发布 NNI 计划后，它每 3 年定期更新一次。第一个战略规划的目的是指导 2001 ~ 2005 年的纳米技术发展，主要关注基础研究和横向的多学科的发展（Roco，2007；NSTC et al.，2000）。第二个战略规划的目的是指导 2006 ~ 2010 年的纳米技术发展，关注点转移到纵向的产业发展（Roco，2007；NSET et al.，2004）。这两个阶段（2001~2010年）被以科学为中心的生态系统主导，又称为 NANO 1（Roco，2011）。目前，美国的纳米技术政策越来越关注环境、健康和安全研究（见 2011 年与 2014 年发布的 NNI）。纳米技术的安全和可持续发展被选为优先发展的目标（So et al.，2012）。2011 年的 NNI 引入了一种新的多机构协作和合作模式，也就是纳米技术签名计划（Nanotechnology Signature Initiatives）。纳米技术签名计划的目的在于增强跨部门的合作，以加速国家优先发展领域的创新（NSTC et al.，2011）。前三个纳米技术签名计划分别关注太阳能、可持续的纳米制造和新一代纳米电子学。

美国国会在 2003 年签署了《21 世纪纳米技术研究和发展法案》，授权自 2005 年开始的 4 年内联邦政府支出约 37 亿美元用于五个参与部门的纳米技术研发工作。该法案正式将 NNI 计划支持的项目和活动写入了法律。随着该法案的实施，纳米技术研究与发展协调的联邦计划的重要性得到了更大的认可。在 NNI 计划实施的初期，对该计划的实施情况的评估还没有制度上的要求。《21 世纪纳米技术研究和发展法案》为 NNI 计划实施情况的定期评估制定了明确的法律规定，形成了政府和非政府部门参与的互补性的评估机制，也形成了事后评估与跟踪评估相结合的评估机制。关于纳米技术研究和发展的评估建议被每 3 年更新的 NNI 计划及时采纳。

## 3.2.2　中国的纳米科技政策

中国政府自 20 世纪 80 年代开始投资纳米技术研究，对纳米技术的财税和政策支持自 20 世纪 90 年代大幅增加（Bai，2005）。为了营造有利于纳米科技创新的环境，中国相关的政府部门制定和实施了一系列的国家层面的科技政策（见图 3 - 1）。国家科学技术委员会（1998 年，更名为科技部）在 1990 年发起了第一个纳米材料科学的 10 年攀登计划，纳米材料科学项目成为中国"八五"期间 30 个主要基础研究项目

之一。在 1999 年，科技部也开始在"973"计划中设立为期五年的
"纳米材料和纳米结构"的研究项目。这两个项目的目的都在于攻克巨
大的科学问题，提升基础研究的能力，如碳纳米管。此外，纳米技术研
究也被列入国家高技术研究与发展计划（"863"计划）及火炬计划中。

2000 年，科技部会同其他有关部门成立了"国家纳米科学与技术
协调委员会"，目的在于对全国纳米科技工作进行指导和协调、决定优
先发展领域和监督国家的政策和规划（Bai，2005；Bhattacharya et al.，
2011）。2001 年，科技部、教育部、国家发展与改革委员会、中国科学
院、中国工程院和国家自然科学基金委共同合作推出了《国家纳米科技
发展纲要（2001～2010）》（科技部等，2001），这是中国第一个正式的
纳米技术政策。该纲要制定了纳米科技的发展战略，用来指导中国未来
5～10 年的纳米科技研究与开发工作。它将中国纳米技术的产业化发展
划分成了三个阶段：纳米材料及其应用是短期发展目标；纳米生物技术
及纳米医药技术是中期发展目标；纳米电子学和纳器件为长期发展目标
（科技部等，2001；Jarvis and Richmond，2011）。中国"十五"期间纳
米科技发展的重点是：加强基础研究与应用基础研究；加强应用技术开
发，通过产学合作促进纳米科技成果的产业化；加强基础设施和研究基
地的建设，以逐步形成国家创新系统（科技部等，2001）。这个纲要揭
示了中国政府在纳米科技领域努力构建国家创新系统，以基于本土的创
新能力实现跨越式发展。

中国是世界上少数几个积极参与制定纳米技术标准的国家之一。国
家标准化管理委员会在 2004 年批准和发布了七项纳米材料国家标准，
并于 2005 年开始执行。这是世界上首次以国家标准的形式设定纳米技
术标准（Bhattacharya et al.，2011）。自此，中国政府制定了一系列的
纳米技术国家或国际标准，其中包括了纳米材料术语、纳米级产品等
（Bhattacharya et al.，2011；Yujuan and Wei，2014）。这些标准通过塑
造中国企业的行为来指导和协调纳米技术的产业化应用，并通过国际标
准影响世界纳米科技的发展。

国务院于 2006 年发布了《国家中长期科学和技术发展规划纲要

（2006～2020）》，目的在于提升中国在先进技术方面的本土创新能力。该纲要将纳米技术列入四个重大科学研究计划。这四个重大科学研究计划还包括蛋白质研究、量子调控研究及发育与生殖研究（国务院，2006）。中国政府将这四个领域作为优先发展的领域是可以理解的，由于资源的有限性，必须坚持有所为和有所不为的原则。公共投资针对性地促进这四个高技术领域的科学突破。

除了上面列举的科技政策外，中国"十一五"、"十二五"期间的各种国家发展规划也对纳米科学和技术的发展作了相应的部署。这些规划涵盖了科技发展规划、基础研究发展规划、自主创新能力建设规划以及经济和社会发展规划。尤其是，为了更深入地实施《国家中长期科学和技术发展规划纲要（2006～2020）》，推进重大科学研究计划，科技部于2012年组织编制和实施《纳米研究国家重大科学研究计划"十二五"专项规划》（科技部，2012）。这是"十二五"期间六个国家重大科学研究计划之一，其他五个重大科学研究计划是：量子调控研究、蛋白质研究、发育与生殖研究、干细胞研究、全球变化研究。

### 3.2.3 美国NNI的参与机构及中国纳米政策发布机构的关系网络

美国的国家纳米技术计划是一项国家层面的多联邦机构的合作计划。在NNI有效管理和运行之下，参与该计划的联邦部门或机构的数量逐年增加。在2000年的第一个NNI计划中，有6个机构参与，逐年增加到当前的20多个联邦机构。为了直观地了解参与机构之间的关系，了解各机构的参与情况，本节绘制了参与机构之间的关系结构网络图谱，如图3-2所示。在该图中，某个节点的大小代表了该机构与多少个机构共参与了NNI计划；连线的强度揭示两个参与机构共参与NNI计划的次数，连线越粗表示机构之间共同参与NNI计划的次数就越多；相同颜色和形状的节点表示它们的度中心性相等。该图谱是一个较为密集的网络,其中,美国国家科学基金会、国务院、能源部和环境保护署都是主要的 NNI 参与机构。

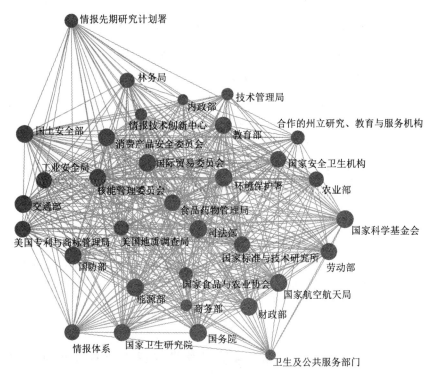

**图 3-2   美国 NNI 计划的参与机构之间的共参与关系网络**

我们不能绘制中国纳米科技政策参与机构之间的共参与关系网络,因为中国发布的纳米科技政策中未标明参与机构,但是提供了政策发文机构。为了直观地了解各机构在纳米科技政策制定中的作用,了解各发文机构间的关联情况,本节绘制了我国纳米科技政策发文主体间的关系网络图谱。根据整理的政策发文机构,构建政策发文机构间的关联矩阵,如果两个机构间有联合发布政策的情况,则对应的值为联合发文频次,否则为 0,继而构建政策发文机构间的关联网络,见图 3-3。图中每个节点代表一个政策发布机构,某个节点的大小代表了它与其他多少个机构联合发文,连线的粗细代表机构之间联合发布政策的次数。可知，科技部和国家发展与改革委员会占据较为中心的网络位置，其他主要的参与机构有国家自然科学基金委、中国科学院、教育部等。像国务院和国家标准化管理委员会都与其他的机构不存在联合发文的情况。中国政府部门间联合发文关系仍然很低，政府机构间共同制定纳米科技政策有待进一步加强。

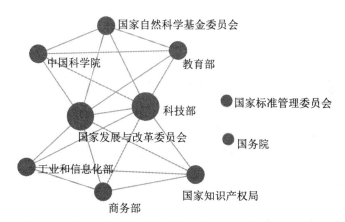

**图 3 – 3　中国纳米科技政策发文机构之间的共制定关系网络**

总之，相对于美国的纳米科技政策来说，中国的纳米科技政策虽然是多层次、全方面的，但是缺少可操作性；中国的纳米科技政策配套性差，虽然出台了一些财政、税收、法规等政策措施，但是还不够健全，没有形成政策网络系统；中国的纳米科技政策缺乏政策实施效果的评估机制。

## 3.2.4　美国及中国的纳米科技政策对能源的关注

纳米技术有潜力显著地影响能源效率、存储、生产、管理等。美国和中国政府部门发布的纳米科技政策都涉及了纳米技术在能源领域的应用。有效的能源转换和存储是美国 NNI 计划的九大重要挑战之一。有效能源转换和存储的优先发展领域包括加倍太阳能电池的能源效率、催化剂和膜、纳米结构的材料、纳米电子学、轻量级的磁性和结构纳米材料、氢存储媒介等。

美国能源部自 NNI 计划实施起就是该项计划的主要参与机构之一。能源部与其他机构形成了合作关系，如商务部、国家科学基金会、国防部等，以加速纳米技术在能源领域的应用。自 2011 年起，美国 NNI 计划发起了项目层面的联邦部门或机构之间的合作。这项合作包括了纳米技术签名计划。"太阳能收集和转化的纳米技术"是前三个纳米技术签名计划之一。该计划目的在于利用纳米技术的优势改善光伏太阳能发电、太阳热能的生产与转换以及太阳能向燃料的转换。

相比之下，中国政府发布的纳米科技政策更多地关注纳米结构的能源材料和技术，目的在于通过开发纳米级的催化剂、清洁剂及膜材料改善传统能源的利用效率（中国科技部等，2001）。此外，中国政府也鼓励纳米技术与传统的环境和能源技术交叉融合以改善传统能源的使用效果和减少能源消费污染物的排放（中国科技部等，2001）。而且，除了纳米技术在传统能源领域的应用外，中国政府也开始关注纳米技术在可再生能源领域的应用，如太阳能和氢能，通过开发纳米晶太阳能电池和氢存储材料等（中国科技部，2012）。能源纳米材料与技术以及环境纳米材料与技术都被列入中国"十二五"期间纳米研究的九大主要任务中。

为了对纳米技术的发展创造良好的环境，调动和鼓舞科技工作者的创造力，改善创新链和产业的交互，美国和中国都发布了一系列的纳米科技政策。关系到一个国家战略定位的能源领域也是美国和中国纳米科技政策的主要关注点。对于能源领域，美国的纳米科技政策主要关注纳米技术在清洁能源领域的应用，如太阳能，而除了清洁能源领域外，中国政府还关注纳米技术在改善传统能源的使用效率和使用效果方面的应用。

通过实施比较分析，我们发现美国政府发布了专门的 NNI，从而规划、部署和监视纳米科技的发展。NNI 实际上一个多联邦部门参与的计划，具有良好的管理和评估机制，同时也定期更新。此外，参与 NNI 的联邦部门间通过一些项目形成了良好的合作关系。然而，在中国，存在很多综合性的政策，而专门针对纳米科技的专有政策较少。此外，中国的纳米科技政策缺乏良好的部署和管理机制。中国的纳米科技政策没有涉及评估标准，因此，很难定期地评估它们的实施结果，并且也很难进一步根据评估结果实施相应的调整。而且，我们发现中国政府机构之间缺乏政策制定的合作关系。最后，中国政府更多地关注纳米科技基础研究而不是它们的产业化应用。

中国政府下一步努力的方向是加速它们的纳米科技政策创新的步伐，即通过一定的努力，中国政府为纳米科技政策建立有效的管理和评估机制，促进政府机构之间的协调努力，并且应该将关注的重点从基础研究转移到纳米科技成果的产业化应用。

## 3.3　纳米能源科技文献与专利数据的来源及收集

在上述对纳米能源科技理解的基础上，我们接下来简要地介绍纳米能源科技文献及专利数据的来源及收集过程，从而为后续实证研究章节做好数据准备工作。

### 3.3.1　纳米能源科技领域范围的界定

创新活动存在诸多测度指标，如研发经费和人员、科技论文、专利、新产品和新工艺数、高技术产品贸易额、生产率、投资等。尽管文献和专利数据测度创新存在一定的缺陷，但科学论文作为科学研究产出的主要表现形式和专利作为技术创新活动的最主要的表现形式得到了国内外创新领域学者的普遍认可。因为这些数据容易获得、时间序列长、客观、可比性强等。在本研究中，我们将纳米能源论文数据作为科学研究产出的主要表现形式，将纳米能源专利数据作为技术创新活动的主要表现形式。

开展本研究的一个前提是收集相关的文献数据和专利数据。进行纳米能源论文和专利数据收集的前提是界定纳米能源科技领域的范围、数据来源和检索方法。由于纳米能源是一个交叉的多学科领域，如何描述纳米能源科技领域的边界进而准确地获取纳米能源论文和专利数据是本研究面临的首要问题。纳米能源领域不仅涉及了新兴的纳米科技领域，而且涉及了传统的及新兴的能源领域，其范围非常广泛，目前还没有完善的学科分类标准和权威的技术分类码定义纳米能源领域的边界。不仅如此，对于纳米科技领这一单独的技术领域，目前也没有完善的学科分类和技术分类码界定它的范围。尽管一些数据库和专利机构已经设置了一些关于纳米科技的分类目录，如美国专利局的专利分类号"977"以及欧洲专利局的专利分类号"Y01N"，但是这些界定还不足以全面、精确地覆盖纳米科技的范围。

一般而言，比较适宜用科学或技术分类体系界定的学科或技术领域是比较成熟的领域，因为它们的领域边界相对比较清晰。但是，对于像纳米能源这样的交叉的前沿科学和新兴技术领域，边界不仅模糊并且正处于动态变化过程中，科学或技术分类体系不大适用于界定这样科学和技术领域。

如何界定并准确地获取新兴跨学科领域的论文和专利数据？根据以往的研究经验，大部分学者都认为关键词或主题词是确定新兴跨学科领域边界的众多方法中比较准确、易行的方法。纳米能源科技目前正处于动态发展过程中，并不断涌现出新的技术分类码或产生新的纳米能源词汇。在本研究中我们采用主题词定义纳米能源科技领域的边界范围，这些被定义的主题词出现在文献的题目、摘要、关键词或期刊的名字中，或者是出现在专利的题目或摘要中。具体来说，我们分别使用相关的主题词定义纳米科技的范围和能源科技的范围，纳米科技和能源科技的交集即为纳米能源科技的范围（见图 3－4）。纳米能源文献和专利数据的检索主题词定义在表 3－1 中。

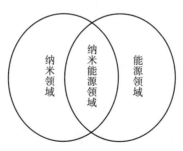

图 3－4　纳米能源领域界定

**表 3 - 1**　　　　　　　　　　　纳米能源文献和专利检索词的定义

| 搜索设置 | 搜索词 |
|---|---|
| Nano - technology | #1 TS = ( nano * )<br><br>#2 TS = ( ( "quantum dot * " OR "quantum well * " OR "quantum wire * " ) NOT nano * )<br><br>#3 TS = ( ( ( "self assembl * " OR "self organiz * " OR "directed assembl * " ) AND MolEnv-I ) NOT nano * )<br><br>#4 TS = ( ( "molecul * motor * " OR "molecul * ruler * " OR "molecul * wir * " OR "molecul * devic * " OR "molecular engineering" OR "molecular electronic * " OR "single molecul * " OR fullerene * OR buckyball OR buckminster-fullerene OR C60 OR "C - 60" OR methanofullerene OR metallofullerene OR SWCNT OR MWCNT OR "coulomb blockad * " OR bionano * OR "Langmuir - Blodgett" OR Coulombstaircase * OR "PDMS stamp * " OR graphene OR "dye-sensitized solar cell" OR DSSC OR ferrofluid * OR "core-shell" ) NOT nano * )<br><br>#5 TS = ( ( ( ( TEM or STM or EDX or AFM or HRTEM or SEM or EELS or SERS or MFM ) OR "atom * force microscop * " OR "tunnel * microscop * " OR "scanning probe microscop * " OR "transmission electron microscop * " OR "scanning electron microscop * " OR "energy dispersive X-ray" OR "xray photoelectron * " OR "x-ray photoelectron" OR "electron energy loss spectroscop * " OR "enhanced raman-scattering" OR "surface enhanced raman scattering" OR "single molecule microscopy" OR "focused ion beam" OR "ellipsometry" OR "magnetic force microscopy" ) AND MolEnv - R ) NOT nano * )<br><br>#6 TS = ( ( ( NEMS OR Quasicrystal * OR "quasi-crystal * " OR "quantum size effect" OR "quantum device" ) AND MoleEnv-I ) NOT nano * )<br><br>#7 TS = ( ( ( biosensor * OR NEMS OR ( "sol gel * " OR solgel * ) OR dendrimer * OR CNT OR "soft lithograph * " OR "electron beam lithography" OR "e-beam lithography" OR "molecular simul * " OR "molecular machin * " OR "molecular imprinting" OR "quantum effect * " OR "surface energy" OR "molecular sieve * " OR "mesoporous material * " OR "mesoporous silica" OR "porous silicon" OR "zeta potential" OR "epitax * " ) AND MolEnv - R ) NOT nano * )<br><br>#8 TS = ( plankton * OR n * plankton OR m * plankton OR b * plankton OR p * plankton OR z * plankton OR nanoflagel * OR nanoalga * OR nanoprotist * OR nanofauna * OR nano * aryote * OR nanoheterotroph * OR nanophtalm * OR nanomeli * OR nanophyto * OR nanobacteri * OR * 270 organism names beginning with nano * OR nano2 OR nano3 OR nanos OR nanog OR nanor OR nanoa OR nano - OR nanog - OR nanoa - OR nanor - OR nanosatellite * OR 270 organism names beginning with nano * )<br><br>#9 TS = ( nanometer * OR nano-metre OR nano-meter OR nano-metre OR nanosecond * OR nano-second OR nanomolar * OR nano-molar OR nanomole( s ) OR nanogram * OR nano-gram OR nanoliter * OR nanolitre * OR nano-liter OR nano-litre * )<br><br>Total Nanotechnology = ( ( #1 OR #2 OR #3 OR #4 OR #5 OR #6 OR #7 ) NOT #8 NOT ( #9 NOT( #1 OR #2 OR #3 OR #4 OR #5 OR #6 OR #7 ) ) ) |

| 搜索设置 | 搜索词 |
|---|---|
| Energy | #1 TS = ( energ＊ SAME("energy sector"OR"power source＊"OR renewable＊ OR "power supply"OR"energy convers＊"OR"energy storag＊"OR sustainab＊ OR use＊ OR"distribution loss＊"OR harvest＊ OR"wind energy"OR eolic OR tidal OR biomas＊ OR geotherm＊ OR hydroelectric＊ OR ( wave SAME( ocean OR sea ) ) OR fos$il OR oil OR"natural gas"OR coal OR "nuclear energy"OR fuel OR tide OR petroleum OR heat$storag＊ OR thermal$insulator OR batter＊ OR super$capacitor＊ OR capacitor＊ OR flywheel＊ OR photovoltaic＊ OR"solar cell＊"OR power＊ station OR carge$ carrier OR"fuel cell＊"OR electro$catalys＊ OR photoelectrochem＊ OR thermo$electric＊ OR turbin＊ OR transducer＊ OR "water photoelectrolys＊"OR power$generat＊ OR biofuel＊ OR biodiesel＊ OR water$oxidation OR"combustion engine"OR"thermal rectifier"OR"hydrogen＊ production"))<br><br>#2 TS = ( photosynthesis OR obesity OR diet＊ OR food OR cellular OR glucose OR DNA OR astrophys＊ OR astronom＊ OR chlorop＊ OR phyto＊ ) OR SO = ( astrophys＊ OR astronom＊ OR biolog＊ OR nutriti＊ OR botanic＊ OR American Journal of Clinical Nutrition OR Monthly Notices of the Royal Astronomical Society OR Biotechnology and Bioengineering OR Annual Review of Nutrition OR Journal of Geophysical Research – Space Physics )<br><br>Total Energy = #1 NOT #2 |
| Nano-enery | Total Nano-energy = Total Nanotechnology AND Total Energy |

注：纳米技术搜索词来自 Arora 等（2013）。鉴于空间的有限性，"MolEnv-I"，"MolEnv – R"与"270 organism names beginning with nano＊"的详细内容本书没有列出，它们都可以在 Arora 等（2013）的文献中查找到；能源检索词主要来自 Menéndez – Manjón 等（2011）的文献。此外，在检索过程中，我们根据 Connelly 和 Sekhar（2012），Lee 等（2012，2013）的研究，补充和完善了能源检索词。

首先，对于纳米科技边界范围的界定，采用的纳米科技的检索词是由佐治亚大学纳米技术研究与创新系统评估研究组开发的（Arora et al.，2013）。该研究小组于 2008 年开发出了两阶段、模块化的关键词检索策略（Porter et al.，2008），得到了纳米技术相关研究学者的广泛应用（Guan and Wang，2010；Tang and Shapira，2011）。鉴于近年来纳米科学与技术的迅速发展，原始定义的检索词可能无法捕捉纳米科技领域的发展和新主题，该研究组又使用演化型的方法对纳米技术检索词进行了更新。较之原有的检索主题词，新的检索词范围更广、限制更为严谨。

新近定义的检索词不仅能够检索到纳米科技的新进展，而且检索结果也更为精确。因此，我们最终选用了 Arora 等（2013）更新了的纳米技术检索词检索来定义纳米科技领域的范围边界。

其次，对能源科技领域范围的界定，我们主要使用 Mene'ndez – Manjo'n 等（2011）开发的目前相对较为精确和完善的能源主题词。此外，我们根据 Connelly 和 Sekhar（2012），Lee 等（2012，2013）的研究，对 Mene'ndez – Manjo'n 等（2011）的能源主题词进行了补充和完善。

## 3.3.2　数据来源

本研究使用的纳米能源科技文献数据来自于世界上的汤森路透出版公司提供的 Web of Science 数据库中的 Science Citation Index Expanded（SCI – E）和 Social Science Citation Index（SSCI）文献数据库，主要是 SCI – E 数据库。根据检索结果，我们下载得到具有完整文献计量信息的文献数据，其中包括了文献的类型、作者、研究地址、出版年、发表期刊、被引频次等信息。英语是国际上通用的学术语言，我们将文章使用的语言限定为 English。论文（Article）类型的文章是原创性最高的论文，检索的文章类型限定为 Article。此外，Web of Science 中还收录了综述（Review）、社论材料（Editorial Material）和书信（Letter）等类型的文献。我们没有收集综述类型的文章，因为该类型文献的被引频次一般比较高，从而影响引文分析指标的应用。

本研究使用的专利数据来自于汤森路透出版公司提供的德温特专利数据库（Derwent Innovation Index，DII）。德温特专利数据库是目前世界上收集专利信息较为全面、权威并且及时更新的专利数据库。它以每周的速度更新，提供了世界上 100 多个国家和地区的 40 多个专利机构发布的专利信息，其收录的数据可以回溯至 1963 年。德温特专利数据库为每一条记录提供了描述性的标题、摘要、专利家族全记录、专利权属机构名称和代码、德温特分类号和手工代码、专利引文信息等。在德温特专利数据库中，每一条记录描述了一个专利家族。专利家族是同一件专利在不同国家申请的集合。

### 3.3.3  演化型的复杂词检索策略

根据以往的研究，在对某个领域的文献和专利数据进行检索和收集时，常用的检索方法有：简单相关词检索、复杂词检索、学科分类码与技术分类码检索以及核心期刊检索方法。

根据我们在前述章节表3-1中定义的检索词，我们应该采用复杂词检索策略来收集纳米能源科技论文和专利数据。为了便于表达，我们以纳米能源论文数据的收集为例来说明数据收集过程。纳米能源专利数据的收集过程类似于纳米能源论文的收集过程。

下面，我们说明纳米能源论文数据的收集过程。纳米能源研究是一个涵盖了纳米科技与能源科技研究的多学科领域。因此，为了获得纳米能源论文数据集，我们对纳米科技论文数据集和能源科技论文数据集执行"逻辑与"运算（Boolean Logic "And"）。

具体地说，纳米能源论文数据集收集策略如下。首先，我们在SCI-E与SSCI数据库搜索论文题目、摘要、关键词或期刊的名字中包含表3-1中定义的纳米科技相关检索词的论文。接着，我们使用表3-1中定义的能源科技相关检索词在SCI-E与SSCI数据库中搜索能源科技论文。因为对纳米科技论文数据集的搜索过程是一个两阶段的包含与排除过程（Porter et al.，2008；Arora et al.，2013），发表在纳米科技相关期刊上，而不与纳米科技研究相关的文献能够通过表3-1中的一些相关的排除项被排除。能源科技论文的收集过程也是一个两阶段的包含与排除过程，对于发表在能源科技期刊上的非能源论文，也可以通过表3-1中相关的能源排除项被排除。最后，通过对前两步的检索结果过程执行"逻辑与"运算，我们就获得了纳米能源论文数据集。表3-1中标注的数字说明了纳米能源论文检索的分步实施过程。

## 3.4　纳米能源创新网络的复杂性

### 3.4.1　纳米能源科技创新及其创新网络

熊彼特在《经济发展理论》一书中最早提出了创新的概念，认为创新是把一种从来没有过的关于生产要素的"新组合"引入生产体系。这种新组合包括了引进新产品、引入新技术、开辟新市场、控制原材料的供应来源以及实现工业的新组织（熊彼特，1990）。很显然，熊彼特的创新概念的内涵非常广泛，它包括了各种可以提高资源配置效率的新活动。自熊彼特提出创新概念和理论体系以来，许多国内知名学者包括傅家骥、许庆瑞、柳卸林等主要从技术创新的角度探讨创新。

创新是一个很宽泛的概念，现实中的创新活动包括了知识创新、技术创新、产品创新、工艺创新、服务创新、制度创新、市场创新等多种不同的形式。尽管存在众多形式的创新，鉴于数据的可得性，本论文研究的纳米能源科技领域的创新主要涉及了该领域的知识创新和技术创新。知识创新是开展科学研究活动以获得新科学知识的过程。知识创新的目的是追求新发现、探索新规律、创立新学说、创造新方法和积累新知识（贾沛沛和钟昊沁，2002）。技术创新是一个过程，这个过程始于发明者的新构思结束于企业或市场中的新产品，包括了两个不同的阶段：概念或发明；以及随后的商业化及利用（柳卸林，1993；吴贵生，2000）。知识创新是技术创新的基础；技术创新是基于技术的活动，是知识创新的延伸。更严格地讲，本研究关注的纳米能源科技领域的技术创新较少涉及纳米能源技术的商业化过程。

纳米能源科技是交叉的前沿科学与新兴技术领域。交叉的前沿科学与新兴技术领域的创新充满了高度的不确定性,具体体现为技术的不确定性、市场的不确定性、创新过程的不确定性以及创新结果的不确定性等。创新的不确定性也决定了创新的风险性。交叉的前沿科学与新兴技术领域的创新也表现出高度的集成性、异质性及复杂性。纳米能源科技的发展和应用融合了物理学、化学、生物学、光学、材料学等多学科的科学和技术,是一系列领域的有机集成与融合。纳米能源科技创新的涌现在于多学科点的交叉创新、多技术领域的融合创新。交叉创新、融合创新的关键是要突破思维壁垒、发现组合、把握交叉点。交叉、融合性创新过程可以理解为学科、技术边界模糊的过程。创新过程中涉及的资源包括了科技资源和经济资源等。科技资源是创造性的资源,具有部分独占性,包括技术知识、智力资本。此外,高端技术研究与开发所需要的平台、设备投入非常高,单一创新主体难以拥有全部的创新资源。

纳米能源科技是知识密集型的科技,其创新的不确定性、风险性、交叉与融合性、创新资源的部分独占性,使得创新过程更加要求合作和协调。单个创新主体很难凭借自身的力量去完成整个创新活动,以大学、研究院所、中介机构、共性技术研发平台、孵化器等为支撑体的创新网络正在逐渐形成。在创新网络内,各创新主体通过知识、信息、资源等的交流而形成正式或非正式的网络关系,共同推进纳米能源科技的发展。从严格意义上讲,由于纳米能源科技任务的复杂性以及创新主体资源、能力的有限性,没有任何一个实体的创新能够孤立地进行,也没有任何一个创新项目能够单枪匹马。创新过程是复杂的技术过程、组织过程和商业化过程(官建成和张爱军,2002)。为了提高纳米能源科技创新的效率及成功的可能性,创新者之间通过一定的规则结成网络连结关系。图3-5给出了创新网络的主体结构图。

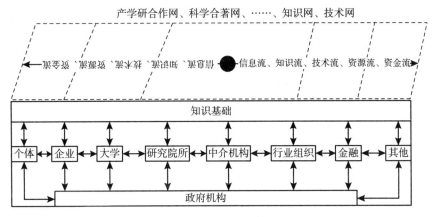

产学研合作网、科学合著网、……、知识网、技术网

信息流、知识流、技术流、资源流、资金流

知识基础

个体　企业　大学　研究院所　中介机构　行业组织　金融　其他

政府机构

**图 3 - 5　创新网络主体结构**

纳米能源科技创新网络是知识基础、创新行为主体以及关联规则的集合，即各种行为主体通过建立各种正式或非正式的连结关系，结成一定的网络结构或模式，目的在于纳米能源科学和技术知识的生产、技术和产品开发、创新的扩散和采纳等。在这个交叉的前沿科学与新兴技术领域，创新主体对依靠外部联系获得的科学、技术知识、信息、资源补充的依赖性更强。因而，网络化的创新事件在纳米能源科技领域更为常见。根据参与网络的行为主体和关联规则的不同，继而存在不同类型的创新网络。这包括了合作创新网、科学合著网、技术网或知识网络，这几种类型的网络也是本研究主要涉及的网络。另外，还存在创新联盟、创新集群等形式的网络以及特定部门里的用户和生产商网络等。

## 3.4.2　纳米能源科技创新网络的复杂性

纳米能源科技作为交叉的前沿科学与新兴技术领域，其创新过程必然是复杂的知识过程、技术过程、组织过程及商业化过程。根据学者对复杂网络理论、创新网络以及我们对纳米能源科技创新的研究分析，本研究认为纳米能源科技创新网络的复杂性体现为以下几个方面（Strogatz，2001；Albert and Barabási，2002；Newman，2003；Guan and Liu，

2015；Liu and Guan，2015）。

（1）纳米能源科技创新主体的复杂性。纳米能源科技创新主体的复杂性体现在创新主体的异质性、动态性以及它们的数量和地位分布的不同。从事纳米能源科技创新的主体是多元化的，包括科学家及发明者等个体创新者、企业、大学及研究院所、中介机构、行业组织以及政府机构等多种类型。这些创新主体不仅具有不同的自身特性并且在自身发展和应对动态环境的过程中以复杂的方式发生变化。

（2）纳米能源科技创新网络结构的复杂性。参与网络创新的创新主体的异质性及其复杂的交互作用决定了创新网络结构的复杂性。各创新主体之间的复杂交互作用构成了纵横交错的复杂网络结构。纳米能源科技创新网络结构呈现出多种不同的结构特征，如小世界性、无标度性、网络分层性以及网络群聚属性等。

（3）纳米能源科技创新网络是动态的网络系统。纳米能源科技创新网络并不是一成不变的，而是总处在形成、发展、分解及突变等演变过程中。纳米能源科技创新网络的动态性具体表现为不断有新的创新主体进入网络，同时也不断有在位的创新主体退出网络，以及网络在位者之间连结关系的增强及消弱。纳米能源科技创新网络微观层面旧连结关系的分解及新连结关系的形成导致宏观层面网络结构及网络模式的变化。

（4）纳米能源科技创新主体之间连结关系的多样性。创新主体的异质性也决定了它们之间连结关系的多样性。创新主体之间连结关系的多样性主要表现为连结关系的异质性及其数量和拓扑分布的不同。在纳米能源科技创新网络中，可能存在多种类型的连结关系，如技术流、信息流、资金流、物质流等。而且，创新主体之间的连结关系的权重也并不都是均等的，也存在强连结与弱连结关系之分。

（5）纳米能源科技创新主体之间交互作用的复杂性。纳米能源科技创新网络中多主体的交互关系是非线性的，每个实体都与其他实体密不可分。随着环境和创新任务的变化，创新主体之间的交互作用不断发生变化，进而表现为创新网络的动态性。每个创新主体在创新网络中的行为如何，这主要取决于该创新主体自身的状态和它的创新任务以及一些相关创新主体的状态和网络行为。创新主体的网络行为是指是否参与网络式的创新，与谁发生网络关系，以何种心态参与网络式创新。

## 3.5 本章小结

本章较为详细地介绍了什么是纳米能源科技，比较了美国和中国的纳米科技政策及其对纳米能源的关注，界定了纳米能源科技领域的边界、数据来源和收集方法，探讨了纳米能源科技创新的特征及其创新网络的复杂性。本章节为后续实证研究奠定了基础。

# 第 4 章

## 纳米能源科技能力的测度及合作网络研究[*]

## 4.1 研究问题、数据及方法

### 4.1.1 研究问题

为了进入清洁、安全的能源时代，各国纷纷制定相应的规划来支持
纳米能源科技的发展。大量现有研究收集文献或专利数据，定量测度能
源科技的新兴领域如太阳能、生物质能等的科技增长景观，分析我国在
新兴能源科技领域的地位以及不同新兴能源领域科技能力的分布状况
等。然而，就我们所知，目前很少有研究收集文献和专利数据综合地测
度各个国家在纳米能源这个交叉的前沿科学和新兴技术领域的科技能
力。鉴于纳米能源科技对解决能源短缺和环境问题的重要性，本章首先
运用科学计量、专利计量的方法及指标和社会网络分析技术，从多指标
维度和长时间跨度的研究视角综合地测度几个有代表性的国家在纳米能

　　[*] 本章部分研究内容已发表在：Journal of Nanoparticle Research，2014，16：2356；《中国
科技发展的国际地位评估研究》，中国科学技术出版社，2014 年；Energy Policy，2016，91：
220–232.

源领域的科技能力并进行国际地位的比较分析。其次，本章从整体网络的研究视角探讨纳米能源科技领域网络合作的状况。最后，本章分析各个国家在国际市场上基于纳米技术的产品。

　　具体地说，本章将分别开展纳米能源领域科学研究能力与技术发明能力的测度和国际比较，以及科学研究和技术发明合作状况的研究。在纳米能源科学研究能力方面，首先探讨纳米能源领域的科学研究产出增长模式；其次，基于论文数量、引文量及其衍生指标，比较该领域前10 大纳米能源科学产出国家/区域的科学产出能力与科学影响力，进而定位中国在纳米能源领域的科学能力；最后，通过对 3 个 4 年时间窗的跨国家/区域的纳米能源科学合作网络的研究，比较跨国家/区域的科学合作状况，定位中国在纳米能源国际科学合作网络中的位置。在纳米能源技术发明能力方面，基于纳米能源专利数据，我们主要测度和比较美国和中国在纳米能源领域的技术发明能力。首先，本章分析并比较纳米能源的技术发明能力在国家和机构的分布状况；其次，本章比较美国和中国的组织机构间的网络合作发明状况；最后，本章比较美国和中国的技术影响力。通过本章研究，我们希望能够了解几个典型国家的纳米能源科技的发展及合作状况，定位中国的纳米能源科技能力在国际上的地位，找出中国纳米能源科技发展的优势和不足，并为我国纳米能源科技的发展提出指导性的建议。

## 4.1.2　数据收集及处理

　　本章遵循国际定量研究的常见惯例，使用纳米能源论文和专利数据分别作为纳米能源科学创新和技术创新的测度。纳米能源论文数据来自于 Web of Science 的 SCI - E 及 SSCI 数据库。论文数据的收集方法见第 3 章 3.3 节，检索词定义见表 3 - 1。我们于 2013 年 7 月检索了 SCI - E 与 SSCI 数据库。在检索过程中，我们又进一步进行了设定：鉴于纳米科学技术正式诞生是在 1990 年美国巴尔的摩首届纳米科技会议之后，故将研究的时间跨度设定为 1991 ~ 2012 年；英语是国际上通用的学术语言，故将文献的语言限定为 English；Article 类型的文章是原创性最高的论文，故将文章类型限定为 Article。我们对检索到的纳米能源论文数据进行了识别和清洗，最终获得了 56453 篇纳米能源科技领域的论文数据。我们将检索到的文献数据载入到软件 Science of Science（Sci$^2$）Tool（Sci$^2$ Team，2009）与 Excel 2007，以做进一步的文献计量分析及社会网络分析。

我们从德温特专利数据库收集纳米能源专利数据。同样地，专利数据的收集方法见第 3 章 3.3 节，检索词定义见表 3 - 1。于 2014 年 10 月进行了纳米能源专利检索过程。经过彻底的数据识别和清洗过程，最终获得了 1991 ~ 2013 年间的世界范围内的 40000 多个纳米能源专利，其中大约有 36000 个纳米能源专利的专利权人包含了企业、大学和研究院所。德温特专利数据库不提供专利权人的国别信息，这对我们进行技术能力的国际比较造成了不可避免的困难。为了解决该问题，我们逐一识别 36000 个纳米能源专利的专利权人的国别信息，并将它们都归类到具体的国家。此外，在进行美国和中国纳米能源技术发明能力的比较时，我们涉及了组织机构的信息。德温特提供的专利权人的信息可能不一致，比如一个组织机构可能存在多个不同的名字。因此，为了确保研究结果的精确性，我们根据组织机构的官方网站及相关网络信息将同一机构的不同名字都最终统一为标准名字。

### 4.1.3　研究方法

我们主要运用科学计量、专利计量的方法和指标以及社会网络分析技术开展本章节的研究工作。在进行科学研究能力评价与国际比较时，我们关注的主要科学计量指标有：论文数、论文相对增长率、论文倍增时间、论文平均被引频次、论文未被引用率、H 指数、$H_m$ 指数、世界高被引论文的比率等；在进行技术发明能力的比较与评价时，我们主要关注的技术指标有：专利数、专利平均被引频次、专利未被引用率、专利 H 指数等。

在进行科学合作网络及技术合作网络研究时，我们分别根据国家间科学合作数据以及机构间的技术合作数据来构建跨国家/区域的科学合作网络以及组织机构间的合作发明网络。我们从整体网络研究的视角探索网络合作，关注的主要社会网络指标包括：度中心性、密度、平均路径长度、聚集系数以及接近中心势等。

上述这些指标的内涵及计算在后续相关的章节进行具体说明。

## 4.2　纳米能源科学能力的测度及国际比较

### 4.2.1　科学产出的增长模式

纳米能源科技领域的论文数量增长可以通过相对增长率（Ralative Growth Rate，RGR）和倍增时间（Doubling Time，$D_t$）测度。我们使用 Mahapatra（1985）的方法计算每年中纳米能源论文的 RGR 和 $D_t$ 的值。RGR 可以表示成：

$$RGR = \frac{lnN_2 - lnN_1}{T_2 - T_1} \tag{4.1}$$

式中，$N_2$ 和 $N_1$ 分别是 $T_2$ 年和 $T_1$ 年的纳米能源论文的累计数量。在本研究中 $T_2 - T_1 = 1$。因此，RGR 可以简化为：

$$RGR = \frac{lnN_2 - lnN_1}{T_2 - T_1} = ln \frac{N_2}{N_1} \tag{4.2}$$

倍增时间 $D_t$ 定义为：

$$D_t = \frac{(T_2 - T_1) ln2}{lnN_2 - lnN_1} \tag{4.3}$$

在本研究中，$D_t$ 又可以表示为：

$$D_t = \frac{ln2}{lnN_2 - lnN_1} = \frac{ln2}{RGR} \tag{4.4}$$

表 4 - 1 展示了纳米能源科技领域 1991 ~ 2012 年间科学研究论文

数、累计论文数、RGR 和 $D_t$。在 1991 年，全世界只发表了 456 篇纳米能源论文，还未占到 1991~2012 年间纳米能源论文总数的 1%。在这个时间段内，纳米能源论文数呈现出显著的增长，2012 年的纳米能源论文数高达 8869 篇，占 1991~2012 年间总论文产出的 15.71%。纳米能源论文的累计数在 2012 年达到了 56453 篇，其中 31061 篇（占 1991~2012 年累计数的 55.02%）是最近 5 年（2008~2012）发表的。如果 RGR 是常数值，则表明论文数的增长模式是指数的，并且 $D_t$ 是指数增长的特征时间（Mahapatra，1985）。我们发现 RGR 的值在均值 0.15 附近轻微的波动，尤其是最近 13 年（2000~2012），表明纳米能源研究呈现出新兴学科与研究领域的典型指数增长模式。

**表 4 - 1** 　　　　　　　　　纳米能源领域的科学研究产出

| 年份 | 论文数 | 累计论文数 | RGR | $D_t$ | 年份 | 论文数 | 累计论文数 | RGR | $D_t$ |
|---|---|---|---|---|---|---|---|---|---|
| 1991 | 456 | 456 | | | 2002 | 1639 | 11834 | 0.15 | 4.65 |
| 1992 | 518 | 974 | 0.76 | 0.91 | 2003 | 1894 | 13728 | 0.15 | 4.67 |
| 1993 | 610 | 1584 | 0.49 | 1.43 | 2004 | 2279 | 16007 | 0.15 | 4.51 |
| 1994 | 695 | 2279 | 0.36 | 1.91 | 2005 | 2656 | 18663 | 0.15 | 4.52 |
| 1995 | 695 | 2974 | 0.27 | 2.6 | 2006 | 3211 | 21874 | 0.16 | 4.37 |
| 1996 | 940 | 3914 | 0.27 | 2.52 | 2007 | 3518 | 25392 | 0.15 | 4.65 |
| 1997 | 1014 | 4928 | 0.23 | 3.01 | 2008 | 4207 | 29599 | 0.15 | 4.52 |
| 1998 | 1153 | 6081 | 0.21 | 3.3 | 2009 | 4962 | 34561 | 0.15 | 4.47 |
| 1999 | 1289 | 7370 | 0.19 | 3.61 | 2010 | 5771 | 40332 | 0.15 | 4.49 |
| 2000 | 1305 | 8675 | 0.16 | 4.25 | 2011 | 7252 | 47584 | 0.17 | 4.19 |
| 2001 | 1520 | 10195 | 0.16 | 4.29 | 2012 | 8869 | 56453 | 0.17 | 4.06 |

1991~2012 年间的纳米能源论文数拟合曲线（见图 4 - 1）明确地证实了给人印象深刻的指数增长模式（$R^2 = 0.9898$）。清晰的指数增长过程表明纳米能源科学研究已经经历了初始缓慢的增长阶段，目前正处于迅速的增长阶段。因此，我们能够推断纳米能源研究领域可以特征化为新兴的研究领域。

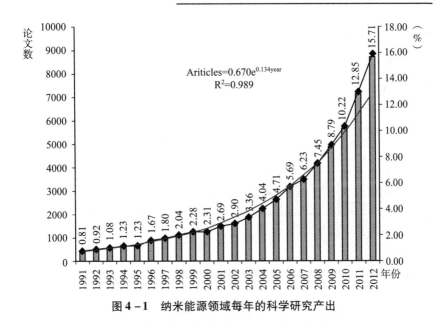

图 4 – 1　纳米能源领域每年的科学研究产出

图 4 – 2 给出了 20 个国家/地区在 1991 ~ 2012 年间的纳米能源论文数量及其所占的世界份额，这些国家的纳米能源论文世界份额都大于 1.50%。正如图 4 – 2 清晰地展现的一样，美国的纳米能源科学研究产出占有绝对的领导地位，它大约发表了世界上 1/3 的纳米能源论文。中国是纳米能源领域世界上第二大活跃的科学生产者。然而，中国仅拥有 15% 的世界纳米能源论文，这只是美国纳米能源论文数量的一半。纳米能源科学多产的国家还有德国和日本，它们的纳米能源论文世界份额分别是 8.51% 和 7.69%。因此，这两个国家在纳米能源领域具有相近水平的科学生产力。法国、英格兰、韩国和印度分别占有 6.02%、5.57%、5.26% 和 4.58% 的世界纳米能源论文。这几个国家/区域在我们统计的 20 个国家/区域中具有中间水平的科学生产力。Web of Science 数据库将英国视为英格兰、苏格兰、威尔士和北爱尔兰 4 个区，分开单独地提供它们的研究者地址信息。在本章中，为了统计上的方便，我们也将它们作为 4 个独立的地区分别计算。可以观察到，图 4 – 2 中所有剩余的 12 个国家/区域在纳米能源领域具有相对较低的科学生产力，其纳米能源论文世界份额都不到 4%。

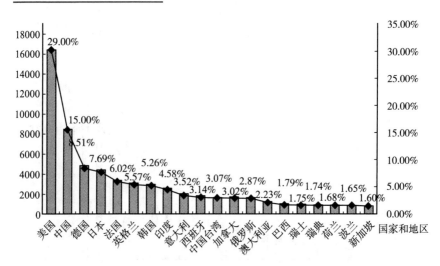

**图 4 - 2　Top 20 个国家/区域的纳米能源论文数量及世界份额 (1991 ~ 2012 年)**

　　图 4 - 3 展示了纳米能源领域 10 个科学最多产国家/区域的纳米能源论文世界份额的动态演变过程。这 10 个国家/区域的纳米能源论文总数大约占世界纳米能源论文总数的 2/3 (76.89%)。从该图的总体趋势看，美国纳米能源论文的世界份额在 1991 ~ 2012 年间呈现出明显的下降趋势。由于世界上纳米能源领域总的科学生产力在该研究时间段内呈现出极大的增长 (见图 4 - 1)，美国纳米能源论文世界份额的下降趋势说明美国在纳米能源领域的科学生产力比全球在纳米能源领域的总科学生产力增长的相对缓慢。然而，美国每年的纳米能源论文世界份额仍然远高于世界上其他国家和地区 (除了最近两年相对于中国外)。因此，美国仍然是世界上纳米能源领域最大的科学生产国。相对于美国来说，中国的纳米能源论文世界份额表现出惊人的增长趋势。1991 年，中国和美国纳米能源论文世界份额的差距高达 47.15%。随着中国在纳米能源领域科学生产力的迅速增长，于 2004 年，中国发展成了世界上第二大纳米能源科学生产国。而且，中国和美国纳米能源论文世界份额的差距也逐年缩小，发展到 2012 年，两者的差距已经微不足道 (中国纳米能源论文的世界份额只比美国少 0.045%)。这表明中国逐渐追赶上了

美国并成为纳米能源领域主要的科学生产者。

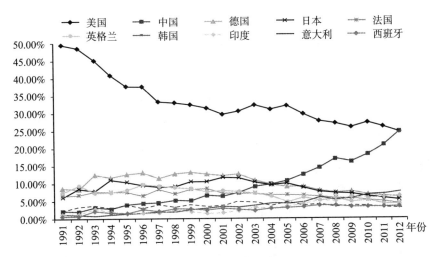

**图 4 - 3 10 个纳米能源科学最多产国家/区域的纳米能源论文世界份额**

除中国外，日本是亚洲地区纳米能源领域科学最多产的国家。然而，它的纳米能源论文世界份额在 1991 ～ 2012 年间略有下降。其他一些新兴经济体的纳米能源论文世界份额，包括韩国和印度，保持着持续的增长趋势，但是没有中国增长明显。实际上，韩国的纳米能源科学生产力已于 2010 年超过了德国、日本、法国和英格兰，成为世界上第三大纳米能源科学生产国，但是，它的纳米能源科学生产力仍然远远落后于美国和中国。或许是因为诸如中国、韩国和印度等新兴经济体纳米能源科学生产力的明显增长，不仅美国而且一些老牌欧洲国家/区域的纳米能源论文世界份额，如德国和英格兰，也表现出下降趋势。这并不是说它们的纳米能源科学生产力停止了增长，而是表明它的生产力比全球总的生产力增长的缓慢。意大利和西班牙的纳米能源论文世界份额分别在均值 3.60% 和 2.65% 附近轻微地波动，因此，这两个国家的纳米能源科学生产力与世界范围内纳米能源总科学生产力大约处于同一变化水平上。

## 4.2.2 科学影响力

论文的影响力反映了论文得到学术圈认可的程度。一篇文章的价值越大，它得到的关注就越多，从而获得的被引用频次也就越高，因而，这篇文章的学术影响力也就越大。因此，引文分析被学者广泛用来测度论文的影响力或论文的质量。基于引文的一些单一的指标具有自身的局限性，因此，我们使用基于引文的一组指标从多视角的角度充分地阐明纳米能源领域科学最多产国家的科学影响力。

我们对每个国家/地区的每篇纳米能源论文的被引频次加总得到它们在纳米能源领域论文的总被引频次。然而，论文总被引频次受到论文产出规模的影响。篇均引文数反映了论文被引用频次的中心化趋势。但是，篇均被引频次易受到论文被引频次极端值的影响。考虑到这些局限性，我们再引入两个基于引文的指标——H 指数（H – index）和最频繁被引论文的百分比（$PP_{top10\%}$，$PP_{top5\%}$，$PP_{top1\%}$），用来测度纳米能源科学最多产国家的科学影响力。

H 指数被定义为科学家论文被引频次大于或等于 H 的数量。也就是说，如果一个科学家发表了 N 篇论文，在这 N 篇论文中，如果有 H 篇论文的被引频次都大于或等于 H，而剩余的（N – H）篇论文的被引频次都小于 H，则这位科学家的 H 指数等于 H（Hirsch，2005）。可以通过对科学家发表的论文按照被引频次从高到低进行排序，进而找到被引频次大于或等于 H 的论文，得到 H 指数。Molinari and Molinari （2008）研究发现 H 指数不能简单地推广应用于机构层面或国家层面的研究，因为对于大规模的论文数量来说，H 指数受到一个通用增长率的影响，因此，他们定义了一个规模调整的 H 指数即 $H_m$ 指数。对于一个国家来说，它的 $H_m$ 指数可以通过下式计算得到：

$$H_m = \frac{H}{TN^{0.4}} \tag{4.5}$$

式中，H 是这个国家的 H 指数，TN 是这个国家的总论文数量，

0.4 为通用的规模调整比率。$H_m$ 指数已经被进行了论文产出规模的调整。因此，我们使用该指标测度国家/区域在纳米能源领域的科学影响力。

最近开发的基于引文的另一个指标是前 10% 最频繁被引用论文的百分比（$PP_{top10\%}$），这个指标用来测度研究机构或国家高质量的研究产出（Bornmann et al.，2011）。这个指标像 H 指数一样，不仅考虑了论文的数量而且考虑了论文的质量，但是它不具有像 H 指数一样的局限性，因为这个指标已经被论文数量标准化了。在某个研究领域某段研究时间内，世界范围前 10% 最频繁被引用的论文，可以通过对这个学科领域世界范围内的所有论文按照被引频次从高到低排序得到，再对这 10% 最频繁被引用的论文按照国家/区域进行筛选分组，得到属于各个国家/区域的前 10% 最频繁被引用的论文数。某个国家 i 在某学科领域的 $PP_{top10\%}$ 可以通过以下公式计算得到：

$$PP_{itop10\%} = \frac{NC_{itop10\%}}{TNC_i} \tag{4.6}$$

式中，$NC_{itop10\%}$ 表示国家 i 在某学科领域世界前 10% 最频繁被引用论文的数量；$TNC_i$ 是这个国家在这个学科领域总的论文数。$PP_{top1\%}$ 和 $PP_{top5\%}$ 也具有类似的定义和解释。

表 4 - 2 给出了 1991 ~ 2012 年间 10 个纳米能源科学最高产国家/区域的基于引文的各个指标得分结果。通过表 4 - 2，我们可以得到如下结论。美国的总引文频次和篇均引文频次在比较的国家/区域中都最高，且它的未被引用的论文百分比在比较的国家/区域中最低。相比之下，中国在论文质量方面表现得相对较差。中国的篇均引文得分是 12.58，只比印度的篇均引文得分高。除此之外，中国未被引用的论文百分比得分是 17%。因此，中国的科学影响力与它的研究努力（科学生产力）不具有可比性。虽然传统的发达国家/区域在纳米能源领域的科学研究产出，如英格兰、德国、日本和法国，远远少于美国和中国，但是它们论文的篇均被引频次和未被引用论文百分比都处于一个较好的水平上，不仅可以和美国相匹敌而且明显优于中国。因此，这些国家/区域的论

文质量在比较的国家/区域中处于中间水平。例如,英格兰的论文篇均被引频次得分为 22.11,这个得分只比美国篇均被引频次得分低 6.29,但比中国论文篇均被引频次得分高 9.53。此外,英格兰的未被引用的论文百分比低至 8.84%,它比美国高了不到 1%(0.41%),是中国的一半。印度的篇均论文被引频次最低,得分为 9.23;并且这个国家的未被引用论文的百分比最高,得分为 20.26%。意大利与西班牙的篇均论文被引频次和未被引用论文百分比的得分都可以比得上中国、韩国和印度。

表 4-2 的第 6 列与第 7 列给出了研究时间段内关注的 10 个科学最高产国家/区域的 H 指数与 $H_m$ 指数。比较这两个指标,我们发现 $H_m$ 指数评估国家层面的科学研究产出影响力比 H 指数优越,由于 $H_m$ 指数修正了论文规模数量的影响。可见,美国的 $H_m$ 指数最高,得分为 4.846,进一步证实了美国在纳米能源领域高的科学影响力。中国、韩国和印度三个亚洲国家的 $H_m$ 指数得分都比较低,分别为 2.888、3.144 和 2.330,证实了它们在纳米能源领域较低的科学影响力。然而,日本的 $H_m$ 指数得分为 4.087,比英格兰、德国和法国的 $H_m$ 指数得分高。因此,从这个指标看,日本的科学影响力比英格兰、德国和法国高。意大利和西班牙的 $H_m$ 指数得分都高于中国、韩国和印度。

表 4-2    10 个纳米能源科学最高产国家/区域的引文数据(1991~2012 年)

| 国家/区域 | TN | TC | AC | % Puc | H-index | $H_m$ | $PP_{top1\%}$ | $PP_{top5\%}$ | $PP_{top10\%}$ |
|---|---|---|---|---|---|---|---|---|---|
| 美国 | 16373 | 465028 | 28.40 | 8.43% | 235 | 4.846 | 1.75% | 7.51% | 13.74% |
| 中国 | 9161 | 115217 | 12.58 | 17.00% | 111 | 2.888 | 0.34% | 3.08% | 6.64% |
| 德国 | 4820 | 100419 | 20.85 | 9.29% | 115 | 3.868 | 1.04% | 5.14% | 11.51% |
| 日本 | 4384 | 87323 | 19.92 | 11.77% | 117 | 4.087 | 1.13% | 5.64% | 10.71% |
| 法国 | 3435 | 63428 | 18.47 | 10.07% | 93 | 3.582 | 0.82% | 3.97% | 8.86% |
| 英格兰 | 3146 | 69557 | 22.11 | 8.84% | 101 | 4.029 | 0.96% | 5.31% | 11.41% |
| 韩国 | 2968 | 39458 | 13.29 | 18.50% | 77 | 3.144 | 0.37% | 2.70% | 6.00% |

| 国家/区域 | TN | TC | AC | %Puc | H-index | $H_m$ | $PP_{top1\%}$ | $PP_{top5\%}$ | $PP_{top10\%}$ |
|---|---|---|---|---|---|---|---|---|---|
| 印度 | 2587 | 23877 | 9.23 | 20.26% | 54 | 2.330 | 0.08% | 1.20% | 3.71% |
| 意大利 | 1991 | 31024 | 15.58 | 10.15% | 67 | 3.210 | 0.25% | 2.97% | 7.60% |
| 西班牙 | 1786 | 30834 | 17.26 | 9.13% | 69 | 3.452 | 0.62% | 3.49% | 8.23% |

注：TN：总论文数；TC：总被引频次；AC：篇均被引频次；%Puc：未被引用论文的百分比。

　　表 4 - 2 的最后 3 列分别给出了研究时间段内 10 个纳米能源科学最高产国家/区域的 1%、5% 与 10% 最频繁被引用论文百分比（1%、5% 与 10% 是三个常用的阈值水平）。以 10% 为例，一篇纳米能源论文属于 10% 最频繁被引用的论文，如果它的被引频次比剩余的 90% 的纳米能源论文的被引频次高。从 $PP_{top10\%}$ 的定义可知，一个国家/区域的 $PP_{top10\%}$ 可以与其他国家/区域的 $PP_{top10\%}$（观测值）比较，同时也可以与世界参考值 10%（期望值）比较，因为，这个指标已经被论文产出规模数量标准化了（Bornmann et al.，2011）。

　　正如表 4 - 2 最后 3 列所报告，在关注的国家/区域中，美国在 3 个最频繁被引水平上都排名第一，得分分别为 1.75%、7.51% 与 13.74%。一方面，美国在这三个频繁被引频次水平上的得分都分别显著高于它们的参考值 1%、5% 与 10%；另一方面，这三个得分都分别显著高于其余国家/区域在这三个频繁被引频次水平上的得分。这说明美国在纳米能源领域的科学影响力不仅优于世界期望值，而且优于其他国家。德国、日本、英格兰的 $PP_{top1\%}$、$PP_{top5\%}$、$PP_{top10\%}$ 的得分差别不明显。也就是说，这三个国家/区域在纳米能源领域科学影响力相当。此外，这三个国家/区域的 $PP_{top1\%}$、$PP_{top5\%}$、$PP_{top10\%}$ 的得分都非常接近参考值 1%、5% 与 10%，表明这三个国家/区域在纳米能源领域的科学影响力接近世界范围内的期望值。中国、韩国与印度的 $PP_{top1\%}$、$PP_{top5\%}$、$PP_{top10\%}$ 的得分不仅普遍低于三个参考值，而且在比较的国家/区域中排名都比较往后。因此，总的来说，这三个发展中国家在纳米能源领域的科学影响力低于美国、日本和一些欧洲老牌国家。

　　为了观测各个国家/地区在纳米能源领域的科学影响力随时间的变

化过程，我们计算了10个科学最高产国家/区域在2000～2012年间的 $PP_{top10\%}$ 时间序列数据。表4-3给出了计算结果。

表4-3　　10个纳米能源科学最高产国家/区域的 $PP_{top10\%}$（2000～2012年）

单位：%

| 年份 | 美国 | 中国 | 德国 | 日本 | 法国 | 英格兰 | 韩国 | 印度 | 意大利 | 西班牙 |
|---|---|---|---|---|---|---|---|---|---|---|
| 2000 | 14.08 | 3.57 | 10.78 | 9.42 | 7.21 | 14.14 | 2.63 | 5.00 | 4.35 | 3.13 |
| 2001 | 15.74 | 4.12 | 6.45 | 9.50 | 5.41 | 6.61 | 9.09 | 3.85 | 8.62 | 12.50 |
| 2002 | 14.91 | 9.84 | 8.10 | 7.85 | 7.56 | 8.87 | 5.88 | 2.70 | 8.86 | 13.64 |
| 2003 | 14.05 | 8.14 | 11.00 | 10.50 | 7.86 | 10.37 | 4.29 | 6.78 | 6.90 | 13.33 |
| 2004 | 16.20 | 11.16 | 8.11 | 12.79 | 7.05 | 10.49 | 6.06 | 4.48 | 0.00 | 6.15 |
| 2005 | 13.11 | 11.19 | 10.33 | 11.65 | 7.26 | 11.29 | 10.00 | 5.43 | 6.50 | 9.30 |
| 2006 | 13.52 | 9.88 | 9.46 | 8.70 | 9.00 | 12.17 | 12.24 | 4.58 | 8.85 | 10.19 |
| 2007 | 15.86 | 8.63 | 10.64 | 9.02 | 10.62 | 10.50 | 7.62 | 3.37 | 6.25 | 6.11 |
| 2008 | 14.71 | 10.89 | 10.82 | 9.94 | 6.97 | 9.82 | 6.28 | 4.31 | 6.52 | 5.70 |
| 2009 | 15.49 | 10.65 | 9.90 | 9.01 | 8.39 | 9.24 | 11.11 | 5.74 | 6.82 | 7.36 |
| 2010 | 15.23 | 11.79 | 12.07 | 8.78 | 7.57 | 10.40 | 8.27 | 3.34 | 5.97 | 11.52 |
| 2011 | 15.92 | 13.47 | 7.37 | 7.11 | 4.89 | 10.27 | 8.96 | 4.37 | 8.37 | 8.30 |
| 2012 | 13.95 | 12.47 | 11.17 | 6.64 | 6.42 | 12.57 | 10.52 | 4.96 | 7.28 | 8.41 |

从表4-3可知，美国的 $PP_{top10\%}$ 在2000～2012年间都高于参考值10%，且在均值14.83%附近轻微地波动，总是在关注的国家/区域中排名第一（除2000年）。这说明了美国在纳米能源领域总是具有最高的科学影响力。中国的 $PP_{top10\%}$ 表现出明显的上升，它的最低得分是2000年的3.57%，最高得分是2011年的13.47%。正如表4-3所示，中国在纳米能源领域的科学影响力已逐年超过了日本、法国、德国和英格兰，且最近几年强于印度、意大利和西班牙。总体上，印度的 $PP_{top10\%}$ 在均值水平4.53%附近波动，没有表现出持续上升。因此，印度在纳米能源领域的科学影响力还比较低。

### 4.2.3　跨国家/区域的科学合作及其网络

科学合作研究能够共享创新主体特有的知识、信息、资源和设备等，因而科学合作研究为打破研究条件的局限性或者是个人知识的局限性提供了机会（Li et al.，2013）。大量研究已经证实科学合作研究能够改善科学生产力、创新性，甚至研究成果的社会影响力（Gonzalez - Brambila et al.，2013；Li et al.，2013）。鉴于科学合作研究的重要意义，跨国家/区域的科学合作日益引起科学家的关注（Tang and Shapira，2011）。本章节探讨纳米能源科技领域跨国家/区域的科学合作状况。考虑到1990年和1991年的纳米能源论文数量很少，更不用说跨国家/区域合著的论文。因此，我们从1993年开始以3个4年时间窗（1993～1996年，2001～2004年，2009～2012年）来探讨纳米能源领域跨国家/区域的科学合作动态。

表4-4给出了10个纳米能源科学最多产国家/区域的纳米能源跨国家/区域合作论文数占它们的纳米能源总论文数量的份额，也就是合作强度。根据这个表格，一些发达国家/区域的跨国家/区域的合作份额，包括美国、德国、日本、法国和英格兰，在研究的时间段内表现出显著的上升。虽然美国的跨国家/区域合作论文份额持续上升（从16.45%增加到35.48%），但是它的合作份额在关注的国家/区域中仍然处于中间水平。然而，由于强大的科学生产力，它的跨国家/区域的合作论文数量总是在比较的国家/地区中保持着最高值。因此，美国仍然是纳米能源领域跨国家/区域科学合作的重要活动者。德国、法国和英格兰的跨国家/区域合作论文份额非常高。这三个国家/区域的合作论文份额在2001～2004年间已经高达50%，但是仍然在上升。这三个国家/区域在纳米能源国际科学研究合作方面具有重大的影响力。相对于其他国家来说，中国、韩国和印度的跨国家/区域合作论文份额上升非常缓慢。中国跨国家/区域的合作论文份额在2001～2004年间已经达24.39%，但是其增长却微不足道（相对于2001～2004年间，2009～2012年间仅上升了0.49%）。即使如此，考虑到中国巨大的纳米能源论文数量，中国已经成为纳米能源领域跨国家/区域有影响力的合作者。

表4-4　　10个纳米能源科学最多产国家/区域的纳米能源论文指标

| 国家/区域 | 1993~1996年 | | | 2001~2004年 | | | 2009~2012年 | | |
|---|---|---|---|---|---|---|---|---|---|
| 指标 | TN | CN | TN/CN | TN | CN | TN/CN | TN | CN | TN/CN |
| 美国 | 1179 | 194 | 16.45% | 2276 | 662 | 29.09% | 6973 | 2474 | 35.48% |
| 中国 | 107 | 21 | 19.63% | 615 | 150 | 24.39% | 5571 | 1386 | 24.88% |
| 德国 | 370 | 144 | 38.92% | 827 | 456 | 55.14% | 1795 | 1120 | 62.40% |
| 日本 | 288 | 61 | 21.18% | 789 | 214 | 27.12% | 1602 | 633 | 39.51% |
| 法国 | 216 | 71 | 32.87% | 526 | 276 | 52.47% | 1344 | 785 | 58.41% |
| 英格兰 | 246 | 101 | 41.06% | 523 | 277 | 52.96% | 1170 | 739 | 63.16% |
| 韩国 | 38 | 11 | 28.95% | 275 | 78 | 28.36% | 1843 | 616 | 33.42% |
| 印度 | 58 | 7 | 12.07% | 189 | 49 | 25.93% | 1624 | 404 | 24.88% |
| 意大利 | 101 | 38 | 37.62% | 306 | 151 | 49.35% | 867 | 450 | 51.90% |
| 西班牙 | 61 | 36 | 59.02% | 202 | 114 | 56.44% | 905 | 539 | 59.56% |

注：论文总数（TN），跨国家/区域合作的论文数（CN），跨国家/区域合作论文的份额（TN/CN）。

　　我们构建纳米能源领域三个时间段内跨国家/区域的科学合作网络。在这些网络中，将具有跨国家/区域合作论文的国家/区域被视为网络中的节点，它们之间的合著活动视为连结关系。如果一篇纳米能源论文有多个作者，并且他们的研究地址涉及多个不同的国家/区域，我们就假定这些国家/区域两两之间存在一次科学合作关系。为了生成跨国家/区域的科学合作网络，利用Web of Science数据库的检索分析功能计算出任意两个国家/区域间在研究的三个时间段内跨国家/区域合作纳米能源论文的总次数。我们根据各个国家/区域间纳米能源科学合作的总次数，生成关联矩阵，并利用Pajek软件与Sci$^2$ Tool软件（Sci$^2$ Team，2009）生成与可视化合作网络，并且借助这两个软件计算相关的网络指标。

　　纳米能源领域跨国家/区域的科学合作网络的可视化结果见图4-4（a）、图4-4（b）及图4-4（c）。在这三个网络图中，节点的大小与它们的度数中心性成正比例，节点越大表示它的度数中心性就越高，也就是该节点的合作者就越多；连线的宽度与结点间连接强度即合作强度成正比例，线条越宽说明合作强度越大；不同的节点颜色代表不同的地理区域。此外，我们需要指出的是，在绘制网络图的时候，我们仅保留了两个国家/地区之间合作次数等于或大于5的边。

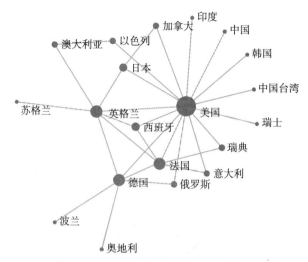

图 4 - 4 （ a ）　纳米能源领域跨国家/区域科学合作网络 （1993 ~ 1996 年）

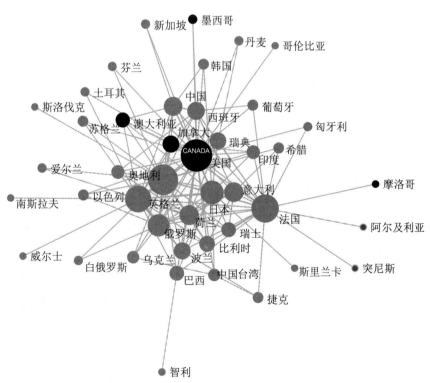

图 4 - 4 （ b ）　纳米能源领域跨国家/区域科学合作网络 （2001 ~ 2004 年）

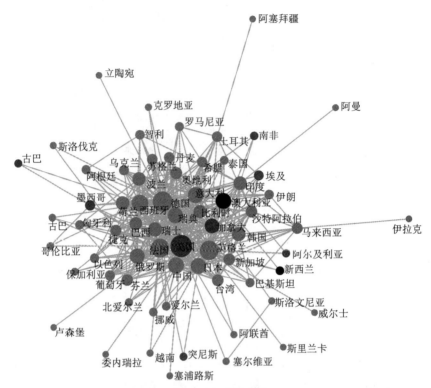

**图 4 - 4 (c) 纳米能源领域跨国家/区域科学合作网络 (2009 ~ 2012 年)**

表 4 - 5 报告了纳米能源领域跨国家/区域的科学合作网络的特性。可见,在过去 10 年中,纳米能源领域的跨国家/区域的科学合作网络在稳定的扩张。在 1993 ~ 1996 年间,科学合作网络中只有 20 个国家/区域;在 2001 ~ 2004 年间,合作网络中增加了 24 个国家/区域;合作国家/区域持续增长,发展到 2009 ~ 2012 年间,合作网络中已经有 68 个国家/区域。网络中的连结数的变化表明不同国家/区域之间科学合作关系在缓慢地增长。在 1993 ~ 1996 年间,科学合作网络中只有 30 个连线,表示 30 个国家/地区间存在纳米能源科学合作关系;在 2009 ~ 2012 年间,科学合作网络中的连线数上升到了 392,表明纳米能源领域的科学合作活动在世界范围内扩展。1993 ~ 1996 年间,合作网络中节点的平均度中心性是 3,表示合作网络中每个国家/地区平均与其他 3 个国

家/地区间存在纳米能源科学合作关系；2009～2012 年间，合作网络中节点的平均度中心性增加到了 11.53，表明国家的影响力范围在稳定的扩展。合作网络密度表示实际存在的合作连结关系数与可能存在的合作连结关系数的比例。合作网络密度在三个时间段内分别为 15.79%、14.90% 和 17.21%。因此，总体上说，科学合作网络还不太密集，表明纳米能源领域跨国家/区域间的科学合作还有很大的发展空间。聚集系数表示合作网络中某个行动者的合作伙伴之间仍然有合作关系的概率，用来测度网络的集团化程度。每个时间段内的跨国家/区域的纳米能源科学合作网络的聚集系数都比密度大，因此，科学合作网络围绕某些少数节点形成了一定的聚集。此外，聚集系数从 0.36 增加到了 0.71，表明科学合作网络的聚集水平在上升（图 4-4（a）、4-4（b）及 4-4（c）展示的更为明显）。平均路径长度表示网络中两个行动者间的最短路径上所包含边数之和的平均值；直径即网络中两个行动者间捷径的最大值。在研究的时间段内，合作网络中任意两个节点间的平均距离从 2.08 下降到 1.96，而直径是 3 或者 4，表明跨国家/区域的科学合作网络具有较短的路径长度和较大的连通性。中心势用来衡量网络中行动者的集中趋势及差异性程度。科学合作网络的中介中心势呈现出显著的下降趋势，表明跨国家/区域间科学合作的差异已经减少。

表 4-5　纳米能源领域跨国家/区域科学合作网络的特性

| 网络特性 | 1993～1996 年 | 2001～2004 年 | 2009～2012 年 |
|---|---|---|---|
| 节点数量 | 20 | 44 | 68 |
| 连结的数量 | 30 | 141 | 392 |
| 平均度中心性 | 3 | 6.41 | 11.53 |
| 密度 | 15.79% | 14.90% | 17.21% |
| 平均路径长度 | 2.08 | 2.06 | 1.96 |
| 直径 | 3 | 3 | 4 |
| 聚集系数 | 0.36 | 0.65 | 0.71 |
| 接近中心势 | 67.66% | 28.50% | 23.50% |

正如图 4-4（a）、4-4（b）及 4-4（c）所示，美国在 3 个 4 年时间段内都居于科学合作网络的中心位置。美国的度中心性和中介中心

性都比其他国家/区域高（见表 4-6），证实了美国在科学合作网络中的优势地位。无论是从图 4-4（a）、4-4（b）及 4-4（c）中节点的大小还是表 4-6 中的度中心性和中介中心性来看，德国、英格兰和法国在跨国家/区域的科学合作中表现出相对显著的影响力。相比之下，日本的网络影响力比这些国家/区域的网络影响力低，即使它的度中心性和中介中心性呈现明显的增长。

在 1993~1996 年间，中国、韩国和印度这三个新兴国家只与美国具有合作关系。2001~2004 年间，这三个国家的度中心性都表现出稳定的增长，得分分别为 10、3 和 5，并且这三个国家都居于科学合作网络的外围位置。因此，在这个时间段内，它们的跨国家/地球的科学合作影响力还比较小。2009~2012 年间，这三个国家的跨国家/地区的科学合作影响力具有明显的增长，即使它们的跨国家/地区的科学合作影响力仍然比一些发达国家的跨国家/地区的科学合作影响力低。在这个时间段内，它们的度中心性分别为 29、20 和 19。正如图 4-4（a）、4-4（b）及 4-4（c）所示，这三个国家都已经居于跨国家/地区科学合作网络的半边缘位置，并且它们与网络中心的距离都已经缩短。此外，在图 4-4（c）中，亚洲国家/区域在某种程度上已经聚集在一起（见图 4-4（c）的右下方）。

接下来，我们关注 10 个纳米能源科学最多产国家/区域之间最紧密的双边知识流动情况，也就是合作网络中权重最大的边。正如表 4-6 所示，美国与关注的国家/区域中的绝大多数国家/地区具有最紧密的双边合作关系。也就是说，美国是绝大多数国家/区域最主要的合作国家。在 1993~1996 年间，美国是除西班牙之外其他 8 个国家/区域的最主要的合作国家。在 2001~2004 年间，美国是除英格兰之外其他 8 个国家/区域的最主要的合作国家。在这个时间段内，德国发展成为英格兰最紧密的双边合作国家，这两个国家/区域间的合著论文占英格兰总合著论文的 17.13%。在 2009~2012 年间，美国是除印度和意大利两个国家之外其他 7 个国家/区域的最主要合作国家。在这个时间段内，中美两国间的合著论文数量远远超过了美德两国间的合著论文数量，它们分别是 587 和 267。因此，中国已经发展成为美国最活跃的合作者。

**表 4 - 6　10 个纳米能源科学最多产国家的网络度中心性、中介中心性与最主要的合作者**

| 年份 | 1993～1996 年 | | | | | 2001～2004 年 | | | | | 2009～2012 年 | | | | |
|---|---|---|---|---|---|---|---|---|---|---|---|---|---|---|---|
| 指标 | 度中心性 | 中介中心性 | 最主要的合作者 | | | 度中心性 | 中介中心性 | 最主要的合作者 | | | 度中心性 | 中介中心性 | 最主要的合作者 | | |
|  |  |  | 国家 | 合作频次 | 合作比例 |  |  | 国家 | 合作频次 | 合作比例 |  |  | 国家 | 合作频次 | 合作比例 |
| 美国 | 15 | 70.27% | 德国 | 50 | 22.94% | 30 | 30.39% | 德国 | 112 | 13.81% | 52 | 24.65% | 中国 | 587 | 18.46% |
| 中国 | 1 | 0 | 美国 | 6 | 100% | 10 | 1.87% | 美国 | 46 | 29.68% | 29 | 1.78% | 美国 | 587 | 36.53% |
| 德国 | 6 | 21.54% | 美国 | 50 | 45.87% | 27 | 20.86% | 美国 | 112 | 18.95% | 47 | 15.82% | 美国 | 267 | 16.29% |
| 日本 | 3 | 0.78% | 美国 | 28 | 65.12% | 16 | 7.81% | 美国 | 68 | 26.88% | 27 | 3.72% | 美国 | 176 | 22.03% |
| 法国 | 6 | 4.78% | 美国 | 15 | 23.81% | 23 | 21.57% | 美国 | 50 | 15.34% | 40 | 13.04% | 美国 | 140 | 12.89% |
| 英格兰 | 7 | 19.40% | 美国 | 21 | 25.61% | 21 | 14.71% | 德国 | 56 | 17.13% | 42 | 13.53% | 美国 | 188 | 16.51% |
| 韩国 | 1 | 0 | 美国 | 6 | 100% | 3 | 0 | 美国 | 45 | 66.18% | 20 | 0.82% | 美国 | 284 | 39.44% |
| 印度 | 1 | 0 | 美国 | 5 | 100% | 5 | 0.03% | 美国 | 15 | 33.33% | 19 | 3.96% | 韩国 | 95 | 22.84% |
| 意大利 | 2 | 0 | 美国 | 19 | 76.00% | 11 | 0.84% | 美国 | 41 | 24.85% | 29 | 4.38% | 德国 | 81 | 13.48% |
| 西班牙 | 3 | 0 | 法国 | 12 | 41.38% | 9 | 1.64% | 美国 | 33 | 29.46% | 31 | 4.95% | 美国 | 120 | 15.77% |

注：最主要的合作者是该列中的国家与第一列相应行中的国家与它最主要合作国家/区域具有最紧密的双边合作关系。也就是说，一个节点，它与焦点节点合作的跨国家/地区之间合作的纳米能源论文数占这个国家/地区所有有跨国家/地区合作的纳米能源论文的权重最大。合作比例是一个国家与它最主要合作国家/地区合作论文数占合作论文的比重。

## 4.3 纳米能源技术发明能力的测度及国际比较

### 4.3.1 技术发明能力的国家及机构分布

图4-5提供了1991~2013年间不同专利局在纳米能源技术领域授予的专利百分比。在授予的纳米能源专利所占的比例方面,以下三个专利局覆盖了世界上绝大多数的纳米能源专利。第一个专利局是美国专利与商标局(USPTO)。该专利局授予的纳米能源专利占世界纳米能源总专利数的40.74%。中国知识产权局(SIPO)和日本专利局(JPO)分别排第2位和第3位。这两个专利局都授予了超过30%的世界纳米能源专利。如此多的发明向这三个专利局寻求保护,以至于美国、中国和日本有望成为未来纳米能源技术发展的关键目标市场。世界范围的组织机

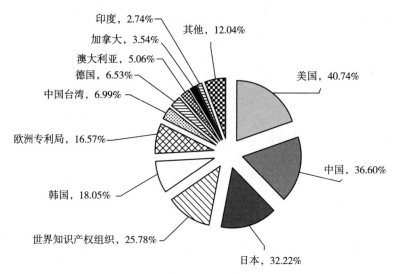

图4-5 不同专利局授权的纳米能源专利百分比(1991~2013年)

构更加关注这三个目标市场,当它们寻求纳米能源技术发展的国际战略时,因为,这三个国家可能存在更多的市场机会。除这三个国家之外,韩国也是纳米能源技术发展的主要市场之一。韩国专利局(KRO)授予了大约18%的世界纳米能源专利。从该图我们还可以观察到大约25.78%的纳米能源专利通过了专利合作条约(Patent Cooperation Treaty,PCT)下的国际专利申请。发明者或申请人在一个签署专利合作条约的国家为其发明提交 PCT 申请后,该申请会更加便捷地进入其他国家并得到保护。

　　某个国家的组织机构被授予的纳米能源专利的数量不仅是这个国家专利活跃性的反映,而且是它在纳米能源领域相关技术知识积累的反映。因此,某个国家的组织机构被授予的纳米能源专利的数量能够表征该国家发展纳米能源技术的当前形势和未来的前景。图 4 - 6 给出了主要国家/地区的组织机构被授予的纳米能源专利数随时间的演变过程。图 4 - 5 表明:自从 2000 年以来,几个主要国家/区域的组织机构被授予的纳米能源专利的数量增长非常迅速。通过考虑纳米能源专利分布的地理模式,我们注意到,中国、日本、美国和韩国是纳米能源专利最多产的国家。然而,值得提及的是,这四个国家的专利活动随时间的演化模式非常不同。起初,美国和日本是世界上纳米能源技术研究和开发的关键活动者,且它们的领导地位维持了很长一段时间。然而,最近几年,纳米能源技术研究和开发的地理中心已经发生了引人注目的转移。中国和韩国已经在纳米能源领域表现出领导地位,尤其是中国。该技术中心转移的发现与 Baglieri 等(2014)在碳纳米管技术领域的研究发现一致。中国在纳米能源领域的技术发展可能说明了中国实施国家中长期科技发展规划在纳米技术发展方面已经取得了显著的成效。特别地,中国组织机构被授予的纳米能源专利数自从 2009 年已经超过了美国和日本的组织机构被授予的纳米能源专利数,并且还保持着迅速的增长势头。韩国的纳米能源技术的领导地位在最近几年也开始显现。

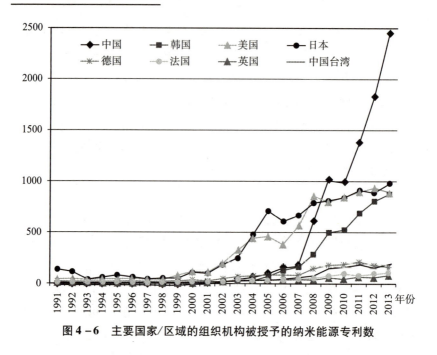

图4-6　主要国家/区域的组织机构被授予的纳米能源专利数

正如图4-6所示，在纳米能源领域的专利活动方面，欧洲国家在很大程度上滞后于美国以及中国、日本和韩国这三个亚洲国家。欧洲国家如德国、法国和英国在纳米能源技术研究和开发不仅起步相对较晚而且它们的组织机构被授予的专利数量也显著低于上述四个主要国家。最后，在该图中值得注意的是，中国台湾表现出持续的纳米能源专利活动，即使中国台湾的组织机构被授予的纳米能源专利数仍然低于主要的纳米能源技术研究与开发的领导型国家。但是，中国台湾的纳米能源专利活动可以和几个欧洲国家相匹敌。

图4-7（a）与4-7（b）分别描绘了美国和中国被授予纳米能源专利数最多的20个不同类型的组织机构。正如这两个图所描绘，美国和中国的纳米能源专利在大学、研究院所和企业类型的组织机构之间的分布情况非常不同。图4-7（a）给出了美国被授予纳米能源专利数最多的20个组织机构，其中，有8个组织机构的类型是大学或研究院所，而多达12个组织机构的类型是企业。与之相比，关于中国被授予纳米

能源专利数最多的 20 个组织机构，其中，大学和研究院所类型的组织
机构占了绝大多数（20 个组织机构中有 18 个组织机构是大学或研究院
所），而只有 2 个组织机构是企业。这两个多产纳米能源专利的中国组
织机构是鸿富锦精密工业（深圳）有限公司和中国石油化工有限公司。

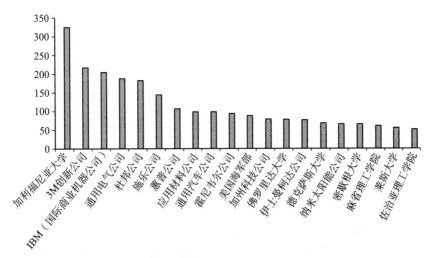

**图 4 – 7（a）　美国被授予纳米能源专利数最多的 20 个组织机构（1991～2013 年）**

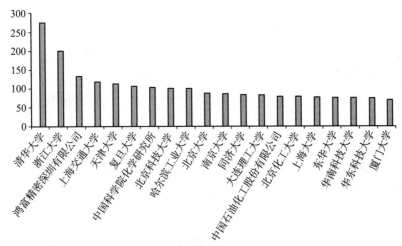

**图 4 – 7（b）　中国被授予纳米能源专利数最多的 20 个组织机构（1991～2013 年）**

此外，通过计算，我们统计了中国和美国被授予至少 10 个纳米能源专利的组织机构的数量。中国有 148 个这样的组织机构；美国有 160 个这样的组织机构。在中国的这 148 个组织机构中，多达 126 个组织机构是大学或研究院所；而在美国的 160 个组织机构中，只有 69 个组织机构是大学或研究院所。因此，美国的纳米能源技术能力主要是被企业拥有，企业是美国在该领域的主要创新者，而美国的大学和研究院所在纳米能源技术创新方面发挥着相对较少的作用。然而，中国的情况正好和美国相反：中国的大学和研究院所是纳米能源领域的主要创新者，而中国的企业发挥相对较少的作用。

## 4.3.2　技术发明合作网

我们接下来分别分析中国和美国的组织机构在它们的纳米能源技术发明过程中的合作状况。根据共专利权人的分析（Co-assigned Patents Analyses），我们借助软件 Sci² Tool （Sci² Team，2009），分别构建了美国和中国的组织机构间的技术发明合作网络。我们发现这两个国家的组织机构间的技术发明合作网络都被分裂成许多个不连通的分图（Component）。分图，即一个网络中连通的子图；连通，即分图内所有行动者间可以彼此通达。为了观测美国和中国的组织机构间技术发明合作的显著网络结构，我们分别从它们的合作网络中删除了一些规模较小的分图且只保留那些分图的规模大于 10 的分图。分图的规模，即分图中行动者的个数。根据网络提取过程，我们最终从美国的技术发明合作网络中获得了一个较大的分图（见图 4-8（a）），从中国的技术发明合作网络中获得了五个较大的分图（见图 4-8（b））。

正如图 4-8（a）所示，美国合作网络的显著的分图结构是相对整合的，即使该分图的两个集群间的连结关系数量非常少。合作网络的整合特征影响创新过程中创新者间的知识交换和信息扩散（Carnabuci and Operti，2013）。图 4-8（a）中的组织机构通过直接或间接的连结关系能够彼此可达，因此，在它们的纳米能源技术创新过程中，存在相对较

**图 4 - 8（a）　美国组织机构间技术发明合作网络的最大分图（1991 ~ 2013 年）**

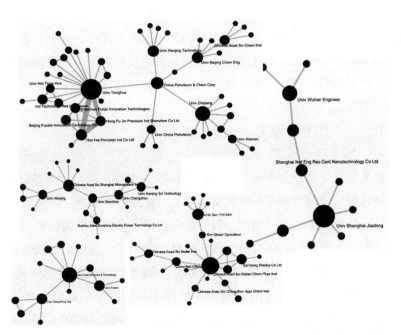

**图 4 - 8（b）　中国组织机构间技术发明合作网络的五个较大分图（1991 ~ 2013 年）**

多的知识交换和共同努力的问题解决机会。此外，我们发现一些大学和研究院所占据该分图的中心并且起着桥架作用，如加利福尼亚大学和麻省理工学院。与之相比，美国的一些企业的网络地位略次于美国的大学和研究院所的网络地位。

将美国与中国显著的网络结构相比较，我们发现，中国的网络结构相对比较分散。对于分图规模大于 10 的结构，我们发现它们被分裂成几个不连通的分图（见图 4-8（b））。在这种类型的网络结构中，不同分图中的组织机构的创新活动看起来不重叠，因为，它们彼此不可通达。分图的规模越大，就有越多的创新者通过特定的知识交换连结起来。因此，中国的大学与大学之间，以及大学与其他类型的组织机构之间在它们的纳米能源创新过程中缺乏有效的交流和交互作用。最大的分图位于图 4-8（b）的上部。清华大学、浙江大学和中国石油化工有限公司占据该分图的中心位置。此外，我们可以观察到：清华大学、鸿海科技集团和鸿富锦精密工业（深圳）有限公司三者之间形成了强烈的合作连结关系。然而，在剩余的其他的组织机构之间，不再存在这样强烈的合作连结关系。在图 4-8（b）剩余的四个分图中，其他企业都不占据网络的中心位置。相比之下，大学和研究院所居于每个分图的中心位置并且起着桥架作用，如大连物化研究所和华东理工大学。

### 4.3.3　技术影响力

如果一项专利作为未来发明的技术基础（也就是说，它得到前向引用，即它被后来的专利或科学论文引用），那么它必须是一项包含一些技术新颖性和优势的重要创新。我们采用被授予美国和中国组织机构的每项纳米能源专利的前向引用次数来解释这两个国家在纳米能源领域的技术影响力。我们重点关注 2000~2010 年这个时间段的技术影响力。因为，中国的组织机构在纳米能源领域技术发明活动的活跃起始点在2000 年，且因为前向引用的时间滞后性，我们没有关注 2011~2013 年的技术影响力。

　　表 4 – 7 分别给出了美国和中国在纳米能源领域常被用来衡量技术影响力的几个指标得分。该表揭示了被授予中国组织机构的纳米能源专利比被授予美国组织机构的纳米能源专利获得的前向引用次数较少。正如表 4 – 7 所示，美国纳米能源专利的平均被引频次比中国纳米能源专利的平均被引次数高出了非常多。而且，美国纳米能源专利的未被引用百分比比中国纳米能源专利的未被引用百分比低了很多。另外，中国纳米能源专利 H 指数的最大得分值是在 2009 年，它的值是 11。而中国 H 指数的最大得分值比美国 H 指数的最小得分值还要小很多。美国 H 指数的最小得分值在 2010 年，它的值是 15。因此，在 2000 ~ 2010 年这个时间段内，中国在纳米能源领域的技术影响力显著低于美国在纳米能源领域的技术影响力。

表 4 – 7　　　　　　　　　　美国和中国的纳米能源专利影响力指标

| 年份 | 美国 | | | 中国 | | |
|---|---|---|---|---|---|---|
| | AC | % Puc | H-index | AC | % Puc | H-index |
| 2000 | 33. 44 | 11. 48% | 33 | 6 | 42. 86% | 3 |
| 2001 | 22. 97 | 13. 68% | 24 | 10 | 30. 00% | 3 |
| 2002 | 30. 9 | 13. 54% | 40 | 3. 89 | 38. 71% | 5 |
| 2003 | 19. 88 | 13. 19% | 39 | 3. 63 | 42. 86% | 6 |
| 2004 | 18. 22 | 10. 63% | 42 | 4. 35 | 47. 14% | 5 |
| 2005 | 14. 12 | 13. 97% | 34 | 2. 76 | 45. 28% | 6 |
| 2006 | 11. 1 | 16. 93% | 28 | 3. 01 | 42. 26% | 7 |
| 2007 | 11. 24 | 17. 08% | 29 | 2. 5 | 39. 34% | 6 |
| 2008 | 7. 34 | 22. 09% | 25 | 2. 58 | 40. 10% | 8 |
| 2009 | 5. 41 | 29. 93% | 18 | 2. 64 | 40. 96% | 11 |
| 2010 | 3. 83 | 36. 16% | 15 | 2. 23 | 49. 20% | 9 |

　　注：AC 表示专利的平均被引次数（average citations per patent）；% Puc 表示未被引用的专利的百分比（percentage of uncited patents）。

　　既然专利的平均被引频次极易受到一些专利的前向被引次数极端值的影响。因此，为了进一步在统计上证实美国和中国的纳米能源专利的平均被引频次是否相等，接下来，我们选择用软件 SPSS 22.0 对美国和中国这两个国家的纳米能源专利样本的被引频次执行独立样本 T 检验。独立样本 T 检验的结果如表 4-8 所示。从该表可知，在我们给定的所有 3 年或 2 年时间段内，等方差假设的 Levene 检验结果表明美国和中国这两个样本的方差是不等的。因此，我们关于平均被引频次相等性检验的主要结论建立在不等方差假设的基础上。检验结果表明：美国和中国的纳米能源专利的平均被引频次的差异在 $p < 0.05$ 的显著性水平下是显著的。

表 4-8　　　　　　　美国和中国的纳米能源专利的平均被
引频次的独立样本 T 检验

| 时间 | | 等方差假设的 Levene 检验 | | 等均值假设的 T 检验 | | | |
|---|---|---|---|---|---|---|---|
| | | F 值 | 显著性 | T 值 | 显著性（双尾） | 均值差 | 标准误差 |
| 2000~2002 年 | A | 19.253 | 0.000 | -3.369 | 0.001 | -22.161 | 6.578 |
| | B | | | -8.885 | 0.000 | -22.161 | 2.494 |
| 2003~2005 年 | A | 117.452 | 0.000 | -9.312 | 0.000 | -13.125 | 1.409 |
| | B | | | -19.849 | 0.000 | -13.125 | 0.661 |
| 2006~2008 年 | A | 133.654 | 0.000 | -10.820 | 0.000 | -6.015 | 0.556 |
| | B | | | -14.584 | 0.000 | -6.015 | 0.412 |
| 2009~2010 年 | A | 377.813 | 0.000 | -14.873 | 0.000 | -1.756 | 0.118 |
| | B | | | -13.863 | 0.000 | -1.756 | 0.127 |

注：A 表示等方差的假定；B 表示不等方差的假定。

图 4-9 展示了 2000~2010 年间美国和中国的纳米能源专利的前向被引频次的箱线图，用来说明它们纳米能源专利前向被引频次的离散情况。由于中国具有大量未被引用的纳米能源专利，中国的箱线图的最小值与它的 25% 分位数发生了重叠。中国的箱线图的最大值大约为 5，表明中国的绝大多数纳米能源专利被引频次低于 5。中国的箱线图的异常点都明显低于 100，说明中国缺乏重大性的创新。关于美国的纳米能源专利前向被引频次的分布，我们通过该图可知，它的纳米能源专利的前

向引用的频次呈现高度的偏态分布。美国的箱线图具有大量的异常点，它们的值都远超过了箱线图的上边界。因此，相比来说，美国比中国具有更多的高影响力的纳米能源创新。

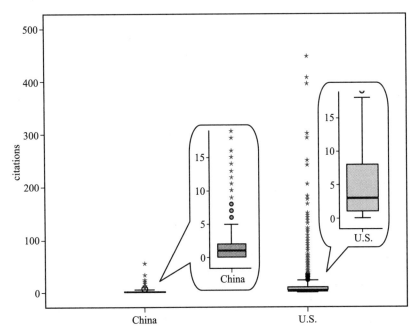

图 4 – 9　美国和中国的纳米能源专利前向被引频次的箱线图（2000～2010 年）

## 4.4　国际市场上基于纳米技术的产品

Bhattacharya 等（2011）基于威尔逊国际研究中心的学者提供的新兴纳米技术项目数据库，分析了中国的纳米技术产品在世界市场上的表现情况。我们也利用该数据库中的消费者产品目录来分析世界上主要国家在国际市场上基于纳米技术的产品可见性。我们主要关注的对象是世界、美国和中国。该数据库涵盖了世界范围的纳米技术产品目录（详见：http：//www. nanotechproject. org/cpi/），它是一个较为全面的数据库，并且及时更新追踪国际市场上的基于纳米技术的产品。因此，利用该数据库中的消费者产品目录，我们能够较好地评估一个国家在纳米技术产业领域的活动和影响。

截至 2015 年 3 月，该数据库共涵盖了 8 个应用领域的 1814 件消费者产品。在该数据库中，共有 29 个国家/地区具有纳米技术产品的可见性，其中，前 10 个纳米技术产品数最多的国家见表 4 – 9。通过该表可知，美国的纳米技术产品数远远多于其他国家的纳米技术的产品数。美国的纳米技术产品数总共是 746 件，占该数据库中纳米技术产品总数的41%。接下来，纳米技术的产品数较多的国家分别是德国、韩国、英国、中国和日本。其中，亚洲国家韩国的纳米技术产品数远多于中国和日本的纳米技术产品数。中国的纳米技术产品数是 58 件。另外，我们发现中国台湾的纳米技术产品数也进入了世界前 10 位，虽然它排在最后一位，它的纳米技术产品数总共是 28 件。

表 4 – 9                10 个纳米技术产品数最多的国家和地区

| 美国 | 德国 | 韩国 | 英国 | 中国 | 日本 | 丹麦 | 瑞士 | 法国 | 中国台湾 |
|---|---|---|---|---|---|---|---|---|---|
| 746 | 314 | 135 | 90 | 58 | 56 | 47 | 39 | 33 | 28 |

资料来源：根据 http://www.nanotechproject.org/cpi 中的消费者产品目录进行整理。

表 4 – 10 强调世界、美国和中国的纳米技术产品在 8 个应用领域的分布情况。通过该表可知，世界上绝大多数纳米技术产品分布在健康与健身领域。当然，我们也发现美国和中国都在这两个应用领域表现得也是比较活跃的。纳米技术产品分布较多的应用领域是家居和园艺领域，它也主导全球纳米技术活动。我们发现，美国在机动领域具有 61 件纳米技术产品，中国在该领域不具纳米技术产品的可见性，但是中国在该领域偶尔也表现比较活跃。此外，我们发现纳米技术产品在医学领域是不可见的。我们知道纳米技术在药物传送和治疗等领域具有重要的作用。

表 4 – 10　　　　　世界、美国和中国基于纳米技术的产品

| 类别 | 世界 | 美国 | | 中国 | |
|------|------|------|------|------|------|
| | | 数量 | 子类 | 数量 | 子类 |
| 电气用具 | 65 | 17 | 电池（6）；加热、冷却和空调（4）；衣服护理（2） | 5 | 加热、冷却和空调（3）；大型厨房用具（1）；衣服护理（1） |
| 机动的 | 211 | 61 | 表面（24）；润滑油（4）；维修和配件(34)；船只(6) | 0 | |
| 造材 | 141 | 33 | 容积（4）；涂层（28） | 19 | 容积（2）；涂层（11） |
| 电子及计算机 | 101 | 67 | 音响设备（6）；照相机和胶卷（6）；计算机硬件（38）；显示器（12）；移动设备与通信（7）；电视（1）；录像机（6） | 2 | 计算机硬件（1）；显示器（1）；移动设备与通信（1） |
| 食品和饮料 | 117 | 73 | 烹饪（1）；食品（3）；存储（7）；补品（58） | 11 | 烹饪（2）；食品（1）；存储（3）；补品（3） |
| 儿童用品 | 37 | 3 | 基础（1）；玩具和游戏（2） | 1 | 玩具和游戏（1） |
| 健康与健身 | 906 | 439 | 服装（97）；化妆品（90）；过滤（13）；个体护理用品（177）；体育用品（63）；防晒（33）；补品（16） | 25 | 服装（6）；化妆品（3）；过滤（5）；个人护理用品（11） |
| 家居与园艺 | 353 | 91 | 清洁(22)；建筑材料(15)；家具（15）；皮箱（7）；奢侈品（1）；颜料（11）；宠物（8） | 8 | 清洁（1）；家具（5）；奢侈品（1）；宠物（1） |
| 总计 | 1814 | 746 | | 58 | |

注：括号中的数字表示产品的件数。

资料来源：根据 http://www. nanotechproject. org/cpi 中的消费者产品目录进行整理。

　　纳米技术产品在能源领域的分布也比较少。该数据库中存在电气用具的电池子类，在该子类中世界上总共有 6 件纳米技术产品，并且都被美国所有。中国在该子类不具产品可见性。但是，中国能源领域也具活跃性，如中国科学院纳米能源与系统研究所巧妙地利用摩擦起电和静电感应的原理成功研制出柔性摩擦电发电机以及基于该原理的透明摩擦电

发电机兼高性能压力传感器。

一些领域纳米技术产品不具可见性，可能是由于这个数据库的局限性或者是创造消费者产品目录的选择标准造成的。但是，基于纳米技术的国际市场的消费者产品目录分析也在一定程度上表明美国是纳米技术的关键活动者，中国是主要活动者。中国纳米科技的产业化应用还有待加强。

## 4.5　研究结论及管理启示

首先，在本章中，我们基于 SCI－E 及 SSCI 数据库获得的纳米能源论文数据，运用科学计量学的方法和指标以及社会网络分析技术，测度了国家/区域层面 1991～2012 年间的纳米能源领域的科学研究能力。通过开展本章节研究内容，我们主要得出了以下发现。

科学研究产出分析表明纳米能源科技领域是一个新兴的多学科领域。自 1991 年以来，纳米能源论文数量显著增长，且呈现出典型的指数增长模式。随后的比较分析论证了美国是纳米能源领域最主要的科学生产者，即使它的纳米能源论文世界份额在研究的时间段内呈现出下降趋势。德国、日本、英格兰和法国的纳米能源论文世界份额也呈现出下降趋势，但是没有美国表现得那么明显。相比较而言，中国是唯一一个纳米能源论文世界份额呈现出显著上升趋势的国家，且中国已经发展成为纳米能源领域第二大科学生产国。韩国和印度的纳米能源论文世界份额也呈现出上升趋势，但是没有中国表现得那么明显。

总体来说，正如不同的引文指标所反映，美国的纳米能源科学研究的影响力在关注的国家/区域中最高。虽然，某些欧洲国家/区域如英格兰、德国和法国以及亚洲国家日本的科学产出远远低于美国和中国的科学产出，但是它们的科学影响力不仅可以和美国匹敌，且还远优于中国的科学影响力。一些新兴经济体如中国、韩国和印度的科学影响力非常低。以中国为例，它的主要影响力指标远远低于美国、几个欧洲国家/区域和日本的科学影响力指标。因此，中国在纳米能源领域的科学影响力与它在这个研究领域的科学产出是不可比较的。然而，2000～2012年间 $PP_{top10\%}$ 的时间序列数据表明：中国和韩国在纳米能源科学影响力方面已经表现出明显的上升。虽然中国的科学影响力仍然低于美国，但是它在最近几年中可以与德国、日本、法国和英格兰的科学影响力相匹敌。

由于10个多产国家/区域总的纳米能源论文数量的增长，它们的跨国家/区域的合著论文的数量也迅速增长。然而，在研究的时间段内，跨国家/区域的科学合作网络的扩张表现得相对比较稳定。这10个国家/区域的国际合作强度不同并且它们表现出不同程度的上升。即使美国的跨国家/区域的合作强度比几个欧洲国家/区域低，但是由于美国强大的科学生产力，美国仍然是纳米能源领域最主要的合作国家。欧洲国家/区域如德国、英格兰和法国在纳米能源领域跨国家/区域的科学合作研究中发挥着关键作用。然而，中国和韩国在纳米能源领域跨国家/区域的科学合作研究中表现出强烈的发展势头，正如这两个国家迅速增长的合著论文数量所表现，即使它们的合著强度增长相对比较缓慢。另外，中国和韩国在跨国家/地区的科学合作网络中的位置表现出显著的上升。

新兴国家在前沿科学领域通过适当的追赶策略能够取得一定的竞争优势。新兴经济体在纳米能源领域的科学研究产出已经取得了空前的增长，但是新兴经济体的科学影响力还比较低，尽管近年来它们增长明显。较低的科学影响力可能是因为新兴经济体的纳米能源科学研究缺乏创新性。因而，新兴经济体现阶段努力的方向是鼓励科学家做出原创性的科学研究，进而提高它们的科学影响力。另一方面，新兴经济体还需要通过一定的政策来鼓励和促进国际间的科学合作，提高自身在国际科学合作中的地位。

其次，我们基于德温特专利数据库收集的纳米能源专利数据，运用专利计量的方法和指标、社会网络分析技术以及统计检验方法，测度了

1991～2013 年的主要国家的纳米能源技术发明能力。通过开展本章节研究，我们主要得出的研究发现和结论是：美国和中国的纳米能源技术发明遵循着完全不同的发展路径。

在纳米能源专利数量方面，中国已经远远超过了美国、日本以及其他主要国家，成为纳米能源专利产出大国。在纳米能源技术发明能力的组织机构分布方面，美国和中国的表现非常不同。美国的纳米能源技术发明能力主要被企业所有，而中国的纳米能源技术发明能力主要被大学和研究院所所有。大学和研究院所的研究经费主要来自政府。因此，在中国，企业在纳米能源科技领域的创新主体地位尚未确立。既然，大学和研究院所是中国纳米能源的主要创新者，那么，在现阶段，中国政府应该积极引导大学和研究院所的科技成果向企业转移，否则，可能影响中国在国际市场上的持续竞争优势。此外，中国政府还需要通过一些政策和鼓励措施，调动企业在纳米能源领域投资和研发的热情，尽早地确定企业的在纳米能源领域的创新主体地位。

从美国和中国的组织机构间的合作发明网络来看，这两个国家的组织机构间的合作网络的连通性和合作强度都比较弱。我们仅观察到清华大学、鸿海科技集团和鸿富锦精密工业（深圳）有限公司三者间建立了稳定的合作关系。因此，这两个国家的组织机构间的合作发明还比较缺乏，它们的合作发明都具有巨大的发展空间。为了发挥合作创新的优势，这两个国家的政府机构都应该通过适当政策措施来促进企业与企业、企业与大学及研究院所之间的合作与交流活动，特别地，要增强企业的合作地位。

对于纳米能源的技术影响力，研究发现美国纳米能源的技术影响力远远高于中国纳米能源的技术影响力。这不仅表现在美国纳米能源专利的平均影响力水平上而且还表现在美国高影响力专利的数量上。中国纳米能源的技术影响力较低，这可能主要是因为中国的技术发明的原始创新性不足或较低。因此，中国政府需要增强政策上的努力，来提高创新者原始性创新的动机。

最后，基于纳米技术的产品分析，我们发现美国在世界范围内占据绝对优势地位，其次是德国、韩国和英国。相比之下，虽然中国也是纳米技术产品的主导者，但表现较弱。此外，中国在能源领域，不具国际市场上基于纳米技术产品的可见性。这也从一个侧面说明中国不仅应该加强纳米能源科技的产业化应用，甚至需要加强整个纳米行业的产业化进程。

# 第 5 章

# 纳米能源技术发明景观及技术
# 网络嵌入对技术增长的影响*

## 5.1 研究问题

尽管纳米能源技术对能源领域的发展具有巨大的贡献（Tegart，2009；Fromer and Diallo，2013），但是新兴纳米能源领域的技术发明景观至今仍然未被探讨。我们从汤森路透公司提供的德温特专利数据库中提取 1991～2012 年的纳米能源专利数据作为数据源，从以下几个方面综合地探讨纳米能源专利发明。首先，我们希望对纳米能源领域的专利发明景观提供详细的描述。具体而言，我们分析纳米能源领域每年的专利产出能力和技术能力的增长趋势，识别突现的技术知识领域并利用网络可视化技术可视化那些突现的技术领域。其次，我们的目的是为科技文献中常见的论断提供定量的论据，那就是，技术发明主要来自于现有技术能力的组合或重组。最后，既然技术知识领域嵌入在技术网络中并且技术发明活动主要在复杂的技术环境中完成，我们打算探索技术网络嵌入对技术增长的影响，即关注技术知识领域的网络属性如何影响它们的增长。

* 本章节部分研究内容已经发表在：Energy Policy，2015，76：146 – 157.

## 5.2　技术交互作用及技术网络

众所周知，在技术系统中，不同技术间具有高度的相互依赖性和约束性（Archibugi and Planta，1996；Adomavicius et al.，2007；Dolfsma and Seo，2013）。技术间的这些交互关系使得任何创意（Ideas）和发明很少以孤立的形式涌现。相反，每一创意或发明都建立在已有思想和发明的基础之上，反过来，它们又作为未来新创意和新发明的知识输入（Podolny et al.，1996）。虽然这并不排除一些创意或发明具有很少的前身（Antecedents），也就是说，一些发明起源于崭新的技术路径而不是扩展现有的技术路径（Mokyr，1990；Arthur，2009；Dolfsma and Seo，2013）。

技术间的交互作用导致技术赖以生存环境的复杂性。在复杂的技术环境中，发明或知识创造几乎源于现有技术知识的组合及重组或者是源于崭新的技术知识（Schumpeter，1934；Fleming，2001；Fleming et al.，2007；Kim et al.，2014；Wang et al.，2014）。近年来，社会网络方面的研究进展有助于我们从技术网络的角度理解技术间的交互关系。技术网络源自于技术知识间的交互作用（Podolny et al.，1996；Yayavaram and Ahuja，2008；Wang et al.，2014）。在这种类型的网络中，节点表示技术元素或技术知识领域，而节点间的连结代表它们之间的关联关系或组合关系（Carnabuci and Bruggeman，2009；Wang et al.，2014）。从组合性创新的视角来看，在发明者的努力下，不同的技术元素或技术知识领域在重复的探索和实验过程中得以组合或重组，从而导致新的发明或知识创造。

## 5.3　研究假设

### 5.3.1　技术的网络连结强度

连结强度的异质性是各种类型的网络中常见现象。在技术网络中，两个技术知识领域间的强连结反映了它们之间频繁重复的共现关系，而两个技术知识领域间的弱连结则意味着它们之间偶尔的交互关系。

很明显，新兴技术领域的发明活动充满了不确定性和风险性（van der Valk and Chappin et al.，2011；Lee and Lee，2013）。我们能够推测发明活动中的不确定性和风险性可能促使发明者频繁地通过使用技术知识领域间现有的共现关系来探索新的发明。因为，重复的共现连结在一定程度上增加了发明成功的可能性（Wang et al.，2014）。然而，强连结也可能对信息扩散具有不良的影响，因为，这些强连结传递了大量的关于技术知识领域组合或重组的冗余信息（Granovetter，1973；Karsai et al.，2014）。冗余信息容易导致发明者认知的锁定，这使得他们不大可能再探索技术知识领域之间新的组合关系或者是探索崭新的思想。

此外，"优先"（Priority）是发明活动的一个关键奖励原则。也就是，科学、技术和商业信贷都是被排他性地提供给那些能够优先推进知识进步的发明者或知识工作者（Oetker，2006；Wang et al.，2014）。因此，从发明新颖性的角度来看，如果两个技术知识领域已经发生频繁的共现关系，那么它们之间组合性的潜力已经在很大程度上被耗尽，因为奖励首次发明的原则（Kim and Kogut，1996；Oetker，2006；Wang et al.，2014）。

据此，我们提出如下假设：

研究假设1：具有强连结关系的技术知识领域将增长缓慢。

## 5.3.2　技术的网络地位

我们将某个技术知识领域的网络地位视为它在技术网络中的中心位置。某技术知识领域的网络地位源于该技术知识领域与其他技术领域间的连结关系。因此，评估权威中心性（Prestige Centrality）的指标就很重要（Wasserman，1994）。权威中心性表示一个节点在网络中的中心性递归地与和它具有连结关系的其他节点的中心性相关。也就是说，一个节点的连结者越多，这个节点就越处于中心位置，尤其当它的连结者也越处于中心位置时（即连结者也具有许多位于网络中心位置的连结者）。因此，节点与其他节点连结固然重要，但更重要的是连结什么样的节点。

一些学者已经注意到行动者在网络中的地位体现了它的显著性或可见性，从而影响它获取资源的机会或约束（Granados and Knoke，2013；Lomi and Torló，2014），这可能在发明活动的背景下特别相关。发明活动中的不确定性和风险使得人们根据技术知识领域的地位位置来分配资源，因此，技术的网络地位位置在引导资源流动方面具有重要的作用（Podolny et al.，1996）。很显然，在技术网络中，具有高地位位置的技术很可能受到更多的关注，从而吸引更多的资源促进随后的技术发展。

基于上面的讨论，我们提出如下假设：

研究假设 2：具有较高网络地位的技术知识领域将增长更多。

## 5.3.3　技术的中介性

在现有文献中，关于中介性的主要论断通常认为，一个人接触的思想越不相关，就越有可能产生更具创新性的思想（Burt，2004；Carnabuci and Bruggeman，2009）。组合性发明的视角可以清楚地解释这个论断背后的因果机制。一个行动者接触到的思想或发明（在本研究中，技术知识领域）为他的发明活动提供了知识输入。发明者在他随后的发明活动中将考虑这些知识输入。因此，一般来说，一个行动者接触到的思想越不相关，就为潜在的新组合提供了更加丰富和多样化的机会，因此就越有可能产生大量的具有创新性的思想（Carnabuci and Bruggeman，2009）。

我们使用结构洞的指标来测度技术知识领域在技术网络中的中介性。一个技术知识领域如果在技术网络中富有结构洞，那么该技术知识领域在先前的发明中与其他技术知识领域组合，而这些被组合的技术知识领域间不具有或很少具有组合关系。在中介性的技术知识领域的自我网络附近，很可能充满了组合性的技术机会（Podolny and Stuart，1995）。

既然学习通常是关联性的学习并且搜索通常是局部搜索（Cohen and Levinthal, 1990; Fleming, 2001），因而存在认知上的便捷性，即行动者通过中介性技术知识领域搜索相关的其他技术知识领域和组合性机会（Wang et al., 2014）。

上述讨论引出如下假设：

研究假设3：具有较高中介性的技术知识领域将增长更多。

### 5.3.4　技术的融合性

近年来，融合性的技术开发方法日益重要（Kim et al., 2014）。一个技术知识领域的融合性被视为它与其他技术知识领域共享知识基础的程度（Quatraro, 2010）。因此，我们将一个技术知识领域的融合性定义为它与其他技术知识领域关联性的总和。一个技术知识领域的融合性可能影响它的组合性机会。因为，新发明的创造很可能涉及组合具有大量互补性或高度相关性特征的技术知识领域（Quatraro, 2010）。因此，具有高度融合性的技术知识领域很可能具有更多的组合性创新机会。

据此，我们给出如下假设：

研究假设4：具有较高融合性的技术知识领域将增长更多。

## 5.4　研究方法

### 5.4.1　数据收集及处理

本章使用的纳米能源专利数据从汤森路透公司提供的德温特专利数据库中提取。德温特专利数据库涵盖了世界上主要专利局发布的专利信息，如美国专利局（USPTO）、欧洲专利局（EPO）和中国专利局（SI-PO）。在本章节的研究中，我们采用第3章3.3节定义的纳米能源专利检索词和检索方法来识别和检索 1991～2012 年授予的纳米能源专利数据，于 2014 年 1 月执行了纳米能源专利的检索过程。我们以纯文本的格式获得了具有完整计量信息的纳米能源专利并导入 Science of Science（Sci²）Tool 软件和 Pajek 软件做进一步的清洗、处理、建网、计算和分析。经过彻底的专利清洗过程，我们最终获得了 1991～2012 年授予的 34036 项纳米能源专利。

## 5.4.2　技术表征及网络构建

在现有文献中，专利的关键词或技术代码通常被用来表征技术元素或技术知识领域（Carnabuci and Operti，2013；Choi and Hwang，2014；Park and Yoon，2014；Wang et al.，2014）。被用来表征技术知识领域的技术代码包括世界知识产权组织定义的国际专利分类码（International Patent Classification Codes，IPC），以及美国专利局定义的美国专利分类码（Carnabuci and Operti，2013；Park and Yoon，2014；Wang et al.，2014）。考虑到数据的可得性，我们使用 IPC 技术分类码来表征纳米能源领域中主要的技术元素或技术知识领域。采用层次结构，IPC 分类系统将任何一个专利划分成部、类、子类、主组和子组（例如，H01M－006/02）。然而，许多研究利用 4 位的 IPC 分类码来表示技术元素或技术知识领域，这 4 位的 IPC 分类码包括了部、类和子类三个部分（例如，H01M）。这主要是因为 4 位的 IPC 分类码实际上足以表征每项专利的技术特征（Guan and He，2007；Park and Yoon，2014）。因此，在本研究中，我们也利用 4 位的 IPC 分类码来表征纳米能源领域的技术元素或技术知识领域。在我们提取和删除重复的 4 位 IPC 分类码后，每项纳米能源专利都可以被分类到一个或多个 4 位 IPC 分类码。

技术代码间的共现（Co-Occurrence）分析和引用分析通常被研究者用来反映不同技术知识领域间的关联关系（Carnabuci，2010；Altwies and Nemet，2013；Wang et al.，2014）。基于引用分析的方法是根据技术代码间的引用和被引关系来表征技术知识流，然而，这种方法通常受到引用滞后的影响（Cho and Shih，2011；Park and Yoon，2014）。本研究考察的是交叉的前沿科学与新兴技术领域，引用滞后的影响可能更为严重。因此，在本章节中，我们利用纳米能源专利中 4 位 IPC 分类码的共现信息构建技术网络。也就是说，两个 4 位 IPC 分类码被认为存在连结关系，如果它们被分配给同一项专利。我们采用三年移动时间窗来构建技术网络。在技术网络的构建过程，我们借助了 $Sci^2$ Tool 软件。

### 5.4.3 突现技术识别及网络可视化

Kleinberg 的突现检测算法（Kleinberg，2003）广泛被用来识别突现的新兴科学话题（Amitay et al.，2004；Naaman et al.，2011；Small et al.，2014）。在本章节中，我们使用嵌入在软件 $Sci^2$ Tool 中的 Kleinberg 突现检测算法识别那些在纳米能源领域使用频次经历了突然增长的技术知识领域，这又被称为技术突现（burst）。使用无限状态自动化，突现检测算法能够根据频次状态的转换来有效和稳健地识别突现的技术知识领域（Kleinberg，2003）。该方法的结果输出是突现的起始时间、突现的结束时间以及突现权重。突现权重用来测度频次的变化程度。

随后，我们使用嵌入在软件 $Sci^2$ Tool 中的网络路径缩减算法（A Pathfinder Network Scaling Algorithm）可视化突现技术知识领域的共现网络。该网络缩减算法能够根据三角形不等原则（Triangle Inequality）删除一些不必要的连结，从而提取共现网络中最突出的网络结构（Schvaneveldt，1990；White，2003）。

### 5.4.4 变量定义

**1. 因变量**

为了实证检验技术网络嵌入对技术知识领域生长的影响，我们计算每个技术知识领域在观测年 t 被分配的专利数，用来测度该技术知识领域的增长。该变量就是因变量。

## 2. 自变量

本章节包括四个关键的自变量，也就是，技术知识领域的连结强度、技术地位、技术中介性和技术融合性。所有这些自变量的计算时间范围都为观测年 t 的前三年，也就是 t - 3 ~ t - 1。这些变量的计算借助软件 Pajek。

（1）技术的网络连结强度。

连结强度是一个技术知识领域与它的直接连结的技术知识领域间共现频次的反映。我们根据 Granovetter（1973）提出的定义和先前实证研究中被采用的方法（Demirkan et al.，2013；Gonzalez - Brambila et al.，2013），采用两步法计算技术的网络连结强度。一个技术知识领域的连结强度定义为它在过去三年中与其他技术知识领域共现频次的平均值。具体来说，首先，我们求和计算出在过去三年中与某个给定的焦点技术知识领域共现的总技术知识领域数。其次，我们计算出给定的焦点技术知识领域与每个其他技术知识领域共现的频次。如果某个技术知识领域与给定的焦点技术知识领域在两项专利中共现，则它们的共现频次是 2；如果它们在 3 项专利中共现，则它们的共现频次是 3；以此类推。最后，我们将所有的共现频次加总，再将加总的共现频次除以共现的技术知识领域总数。该变量可以通过以下公式计算得到：

$$\text{Ties Strength}_i = \frac{\sum_{j=1}^{m} k_j}{m} \tag{5.1}$$

式中，j 为与给定的技术知识领域 i 发生共现关系的技术知识领域，m 为与给定的技术知识领域 i 发生共现关系的总技术知识领域数，$k_j$ 为技术知识领域 j 与 i 之间共现的频次。

（2）技术的网络地位。

我们使用标准化的特征向量中心性指标（也就是权威中心性指标）测度技术知识领域在技术网络中的地位（Bonacich，1972）。该指标能够测度技术知识领域在技术网络中的地位，因为该指标不仅是其他连结技术知识领域的函数，而且是这些被连结的技术知识领域处于何种中心性地位的函数。也就是说，如果它与其他居于中心性的技术知识领域连结，一个技术知识领域在该指标上具有较高的得分。因此，该变量的计算出现了循环问题，其该指标的计算方法详见 Bonacich（1987）的文献。

（3）技术的中介性。

我们使用 Burt（1992）的结构洞指标测度技术知识领域的中介性。图 5 - 1 给出了网络结构洞的示意图。在该图中，网络个体 A、B、C 之间两两存在直接的连结关系，因而它们之间不存在结构洞以及扮演"中间人"角色的个体。网络个体 E 分别与个体 F、G 存在直接连结关系，而个体 F 和 G 间不存在直接连结关系，因而在个体 F 与 G 之间存在一个结构洞，个体 E 占据结构洞的位置并扮演着"中间人"的角色。

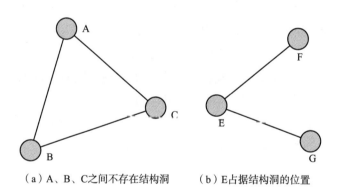

（a）A、B、C 之间不存在结构洞　　　（b）E 占据结构洞的位置

**图 5 - 1　网络中结构洞示意图**

结构洞指标可以定义为 2 减去约束值（Constraint，$C_i$）。约束 $C_i$ 的值有时比 1 大。因此，$1 - C_i$ 可能导致结构洞的得分存在负值，从而造成不好解释研究结果。因此，我们仿效 Lee（2010）和 Wang 等（2014）的做法，采用 $2 - C_i$。这种做法对实证结果不产生影响。在一个网络中，某个节点受到的总约束反映了该节点在某种程度上与彼此之

间存在连结关系的节点发生连结关系。一个焦点技术知识领域 i 的中介性可以通过以下公式计算得到：

$$Brokerage_i = Structural\ Hole_i = 2 - C_i = 2 - \sum_j \left( p_{ij} + \sum_{q \neq i \neq j} p_{iq} p_{qj} \right)^2$$

$$(5.2)$$

式中，$C_i$ 是节点 i 的总约束值，$p_{ij}$ 是技术知识领域 i 与技术知识领域 j 共现的频次占 i 与其他技术知识领域总共现频次的比率，$p_{iq}$ 和 $p_{qj}$ 具有类似的定义。这个测度指标得分越高意味着 i 越占据较少约束的位置，因而，它在技术网络中更具中介性。

（4）技术的融合性。

我们根据每个技术知识领域与其他所有技术知识领域在技术网络中的关联性来计算每个技术知识领域的融合性。两个技术知识领域被认为是相关联的，如果它们共现在一项专利中（Yayavaram and Chen, 2015）。为了标准化共现，我们采用 Yayavaram 和 Chen（2015）及 Boschma 等（2014）的做法，利用雅卡尔系数（Jaccard Index）来测度两个技术知识领域之间的关联性（Leydesdorff, 2008; Eck and Waltman, 2009）。因此，一个焦点技术知识领域 i 的融合性可以通过以下公式计算得到：

$$C_i = \sum_{k=1}^{j} R_{ik} = \sum_{k=1}^{j} \frac{n_{ik}}{n_i + n_k - n_{ik}} \qquad (5.3)$$

式中，$R_{ik}$ 是技术知识领域 i 与 k 之间的关联性，$n_i$ 是被分配给技术知识领域 i 的专利数，$n_k$ 具有类似的定义，$n_{ik}$ 是被同时分配给技术知识领域 i 和 k 的专利数。

### 3. 控制变量

为了控制可能的遗漏变量和技术知识领域间不可观测的异质性，我们引入了一些控制变量。因为我们无法获得在每个技术知识领域的研发投入数据，我们将观测年 t 的过去前 3 年的绩效（分配到每个技术知识领域的专利数）和在每个技术知识领域活跃的组织机构的个数作为代理指标。此外，具有不同年龄的技术知识领域可能具有不同的增长趋势。因此，我们引入每个技术知识领域的年龄，定义为该技术知识领域在纳米能源领域从最初涌现到观测年 t 经历的年限时间长度。由于几乎检索不到 1975 年前的纳米能源专利，因此纳米能源专利的最早年份确定为1975 年。

4 位 IPC 分类码能够捕获绝大多数技术知识领域间的组合关系，这些组合关系形成技术网络。尽管如此，大约 35% 的纳米能源专利被都只被分配给一个 4 位的 IPC 技术知识领域。我们相信这些专利发明也来自组合性的创新过程，但是这些组合性可能发生在更加精细的维度，因而 4 位 IPC 分类码无法捕捉到。因此，当探索技术网络嵌入对技术知识领域增长的影响时，我们不得不控制由测度粗糙度所造成的系统差异的影响（Fleming，2001）。因为这些原因，我们引入每个技术知识领域单一率（single ratio）的控制变量。每个技术知识领域的单一率操作化为在观测年 t 的前三年只分配给某一特定技术知识领域的专利数除以分配给该技术知识领域的所有专利数。

## 5.5 研究结果

### 5.5.1 专利产出

专利数量是发明活动的指标。图 5 - 2 描述了世界范围内每年授予的纳米能源专利的分布。正如该图所示，在整个 20 世纪 90 年代，纳米能源专利数量都非常少，但是自 2000 年以来，纳米能源专利数量表现出相当大的上升。在整个 90 年代，每年授予的纳米能源专利数量还占不到 1991 ~ 2012 年纳米能源专利总数量的 2%，但是这个份额在 2012年增加到 16%。此外，我们还可以观察到纳米能源专利产出的增长趋势仍然在继续。显然，纳米能源领域的技术发展趋势符合新兴领域技术发展趋势。也就是说，在新兴领域的早期阶段，存在一个缓慢的发展过程，然后是显著的增长阶段。正如图 5 - 2 所示，目前，纳米能源技术正处于快速增长阶段。

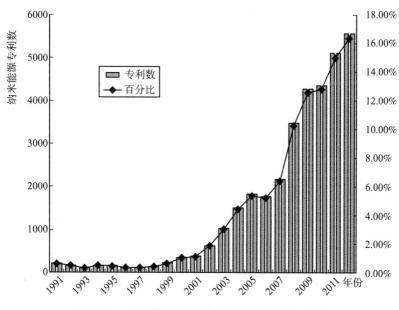

图 5 - 2　世界范围内每年授予的纳米能源专利数

## 5.5.2　技术能力及其突现

不同的技术代码表征着构成专利发明的不同技术能力（Strumsky et al.，2012）。图 5 - 3 分别给出了 1991～2012 年的纳米能源领域活跃和累积的 4 位 IPC 分类码的数量。自 1991 年以来，被专利审查者用来实例化纳米能源专利的总累积的技术代码数量表现出缓慢的上升趋势，表明纳米能源领域不断涌现出新的技术能力。1991～1998 年，每年实际上被专利审查者用来分类纳米能源专利的技术代码，即活跃的技术代码，大约是 100；在 1998～2008 年，活跃的技术代码表现出较为显著的增长；2008～2012 年，活跃的技术代码保持在 400 左右的一个稳定状态。既然只有40%~70%（活跃技术代码占累积技术代码的比率）的可利用的技术代码实际上被专利审查者用来分类纳米能源专利，因此，被用来实例化纳米能源专利的技术代码集合中存在大量的"技术朽木"（Dead Wood）。

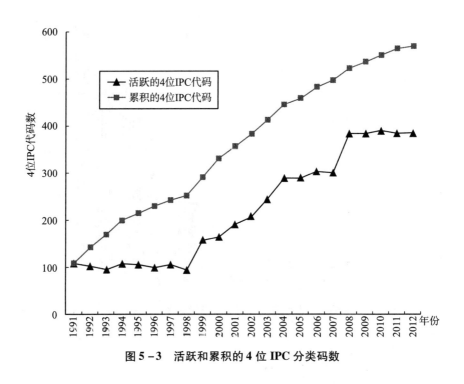

图5-3　活跃和累积的4位IPC分类码数

虽然纳米能源技术涉及范围广泛的技术知识领域，但是相当数量的专利被电气元件、化学和纳米技术领域分类，即纳米能源的技术能力呈现不均衡性分布的状况。图5-4清楚地说明了这一观点，正如该图所例证，只有极少数的技术代码被专利审查者频繁用来实例化纳米能源专利，而剩余的其他的技术代码使用则非常少。例如，技术代码 H01L 的使用排在第一位。该技术代码表示与半导体器件和其他类目中不包括的电固体器件相关的技术能力。被该技术代码分类的纳米能源专利数占总纳米能源专利数的30%以上。技术代码 H01M 的使用频次排在第二位，

表示用于直接转变化学能为电能的过程或方法，如电池组。该技术代码
实例化了 17.14% 的纳米能源专利。因此，技术代码 H01L 与 H01M 使
用频次存在很大的差距。接下来是技术代码 B01J 和 C01B。B01J 表示
化学或物理过程，如催化作用、胶体化学，及其相关设备；C01B 表示
非金属元素，及其化合物。这两个技术代码与纳米材料相关，被它们实
例化的纳米能源专利百分比分别为 11.21% 和 9.38%。技术代码 B32B
表示层状产品，实例化了 7.41% 的纳米能源专利。B82B 和 B82Y 表示
纳米技术，分别实例化了 7.00% 和 6.21% 的纳米能源专利。

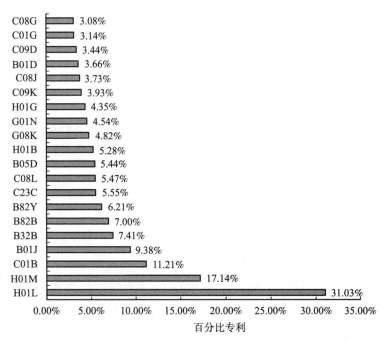

图 5 - 4  **Top 20 个最频繁使用的技术代码所能分类专利的百分比（1991～2012 年）**

图 5 - 5 更加说明了技术能力分布的不均衡性。图 5 - 5 展示了 1991～
2012 年被专利审查者用来实例化纳米能源专利的绝大多数技术代码的
被使用频次的分布状况。很显然，技术代码的被使用频次符合幂律分布
的规律，即只有极少数的技术代码被频繁使用而大多数技术代码被使用

频次很少。由于不同技术代码表征不同技术能力，因此，只有极少数的技术能力在纳米能源领域占据绝对优势地位，而其他剩余的技术能力都处于一个相当低的水平。

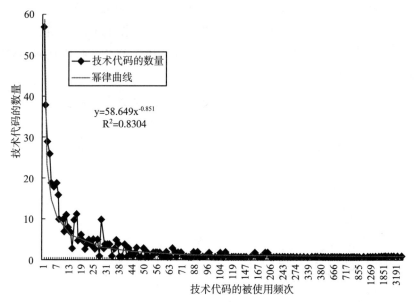

图 5 – 5　频繁使用的技术代码的分布

我们接下来识别和探索纳米能源领域技术能力的动态性。我们使用 Kleinberg（2003）的突现检测算法识别纳米能源领域的突现技术领域。经过突现识别过程，共获得了 104 个突现的技术领域。这 104 个技术领域在被用来分类纳米能源专利的使用频次上经历了突然性的增加，又被称为突现。表 5 – 1 给出了突现值位于前 50 的突现技术知识领域。有趣的是，图 5 – 4 中讨论的 20 个高被频繁使用的技术领域中只有 8 个技术知识领域出现在这 104 个突现的技术领域集合中。因此，技术领域的被使用频次与它们的突现之间存在较低的相关性，而是技术知识领域被使用频次的变化与它的突现紧密相关。经过统计过程，这 104 个突现的技术领域共被用来实例化了 19648 项纳米能源专利。我们根据突现技术领域的共现信息，构建了突现技术领域的共现网络，这是一个非常密集的网络。为了识别有意义的连结关系，我们使用网络路径缩减算法提取共现网络的突出结构（Schvaneveldt，1990；White，2003）。缩减后的共现网络的可视化结果如图 5 - 6 所示。

表 5 - 1　　　　　　　　前 50 个突现的技术知识领域

| 突现技术领域 | 突现值 | 突现长度 | 突现起始年份 | 突现结束年份 | 突现技术领域 | 突现值 | 突现长度 | 突现起始年份 | 突现结束年份 |
|---|---|---|---|---|---|---|---|---|---|
| B82Y | 347.86 | 2 | 2011 | | C22C | 10.99 | 2 | 2005 | 2006 |
| H01S | 111.49 | 14 | 1991 | 2004 | C23C | 10.70 | 2 | 2000 | 2001 |
| D01F | 43.71 | 5 | 2001 | 2005 | C08F | 10.36 | 8 | 1995 | 2002 |
| G02F | 42.88 | 13 | 1991 | 2003 | H02H | 10.27 | 12 | 1991 | 2002 |
| H01J | 41.17 | 15 | 1991 | 2005 | G21K | 10.05 | 7 | 2001 | 2007 |
| C30B | 37.38 | 12 | 1992 | 2003 | B41N | 9.20 | 6 | 1999 | 2004 |
| G11B | 28.93 | 15 | 1991 | 2005 | H01F | 9.18 | 8 | 1997 | 2004 |
| C12Q | 27.05 | 9 | 1999 | 2007 | H05F | 9.16 | 9 | 1998 | 2006 |
| F17C | 21.53 | 8 | 2000 | 2007 | B32B | 9.03 | 5 | 1998 | 2002 |
| C08J | 20.30 | 5 | 1999 | 2003 | G01N | 8.80 | 3 | 1999 | 2001 |
| G03G | 20.11 | 12 | 1991 | 2002 | H04N | 8.73 | 10 | 1991 | 2000 |
| H02J | 19.68 | 2 | 1991 | 1992 | B29K | 7.78 | 12 | 1992 | 2003 |
| H05H | 18.90 | 8 | 1997 | 2004 | A24D | 7.77 | 6 | 2002 | 2007 |
| C01B | 18.80 | 2 | 2003 | 2004 | B41C | 7.53 | 6 | 1999 | 2004 |
| G03C | 18.38 | 16 | 1991 | 2006 | C01B | 7.52 | 1 | 2001 | 2001 |
| H03K | 17.27 | 12 | 1991 | 2002 | A24B | 7.38 | 4 | 2003 | 2006 |
| G03F | 16.42 | 4 | 2001 | 2004 | C07B | 6.98 | 7 | 1997 | 2003 |
| B01D | 14.96 | 5 | 1999 | 2003 | A61F | 6.91 | 3 | 2000 | 2002 |
| A61K | 14.81 | 5 | 1999 | 2003 | G12B | 6.84 | 13 | 1995 | 2007 |
| G01B | 14.22 | 13 | 1992 | 2004 | B65D | 6.63 | 7 | 1999 | 2005 |
| B41M | 13.72 | 6 | 1999 | 2004 | B23K | 6.55 | 5 | 2000 | 2004 |
| C09J | 12.63 | 6 | 1998 | 2003 | B01L | 6.53 | 11 | 1997 | 2007 |
| B41J | 12.58 | 9 | 1996 | 2004 | G02B | 6.50 | 5 | 1991 | 1995 |
| C12M | 11.78 | 6 | 2000 | 2005 | H01P | 6.48 | 6 | 1991 | 1996 |
| H02M | 11.38 | 10 | 1991 | 2000 | C01F | 6.31 | 5 | 2000 | 2004 |

正如图 5 - 6 所列出的那样，纳米能源涉及的技术领域在过去 22 年中不断地涌现。技术领域 B82Y 具有最大的突现值，由表 5 - 1 可知，

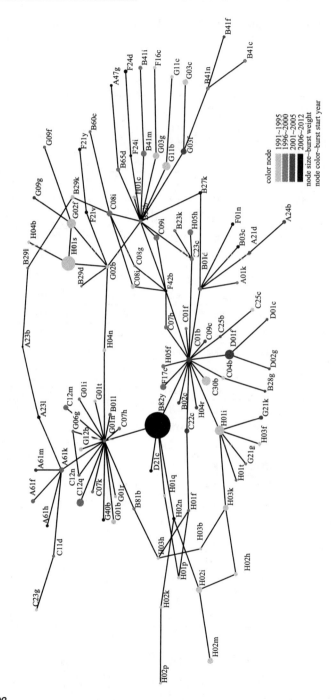

图5-6 纳米能源专利中突现技术领域的共现网络（1991～2012年）

该突现值为 347.86。也就是说，该技术领域在纳米能源领域的被使用频次经历了最大的突然性增加。该技术代码表示纳米结构相关的技术，包括了应用、测度、制造和处理。此外，我们可知，B82Y 的突现似乎仍然在继续，因为它的突现时间还没有结束。接下来，突现值较大的技术领域是 H01S，它的突现值是 111.49。H01S 表示利用受激发射的器件。技术领域 D01F 的突现值是 43.71，排在第三，它表示与纳米纤维或碳纤维制造相关的技术。

从图 5 - 6 突现技术领域的共现网络中，我们可以识别出 3 个集群。第 1 集群位于图 5 - 6 的左上方，以技术领域 G01N 为中心。G01N 表示与测定或检测相关的技术，突现时间在 1991 ~ 2000 年间。该集群的技术与生物化学、微生物学以及一些其他的化学技术相关。第二个集群位于图 5 - 6 的右中部，以技术领域 B32B 为中心。B32B 表示层状产品，突现时间也在 1991 ~ 2000 年间。第 3 个集群位于图 5 - 6 的中下部，以技术领域 C01B 为中心，C01B 表示非金属元素及其化合物，突现时间在 1996 ~ 2005 年间。很显然，突出的节点 B82Y 对两个不同的集群具有桥架作用。因此，从突现技术领域的共现网络来考虑，我们能够推断纳米技术创新性的进步极大地有助于能源的生产、存储、转换和捕获等。

## 5.5.3　组合性发明

既然不同的技术代码表征着不同技术能力或技术知识领域，因此，为了对每项专利发明产生一个综合性的描述，专利审查者必须将多个不同的技术代码组合在一起（Strumsky et al.，2011）。我们将包含 n 个不同 4 位 IPC 分类码的专利定义为 n - 元（n-tuple）专利。图 5 - 7 绘制出了 n - 元专利的百分比随时间的演化过程以及它的累计分布情况。显然，我们并不能从该图观测到 n - 元专利百分比的单调上升或下降的趋势。然而，它们的总体分布却非常清楚。相对于其他尺寸大小的专利来说，仅被一个技术代码描述的专利（即 1 - 元专利，1 - tuple）百分比总是保持着最高值。总的来说，它大约占纳米能源专利总量的 35%。

我们相信这些发明也很可能源自组合性的过程，但是这些组合很可能发生在更加精细的维度，使得4位IPC分类码无法捕捉到（Fleming，2001）。除了个别年份外，被两个技术代码分类的专利（即2-元专利，2-tuple）百分比变化非常小，在20%~30%之间上下波动。被3个技术代码分类的专利（即3-元专利，3-tuple）百分比在1991~2012年间大约为16%。需要4个或更多个技术代码描述的专利（即4-元专利，4-tuple）大约占总专利数量的20%。

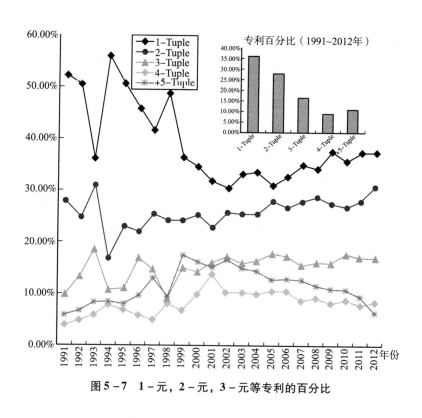

图5-7　1-元，2-元，3-元等专利的百分比

　　虽然相对于其他大小的专利来说，1-元专利百分比最大，但是，很大一部分纳米能源专利发明来自于几个不同4位IPC分类码的组合。显然，组合性创造是新专利发明的主要来源，占总纳米能源专利的65%，如果我们从4位IPC分类码的水平来计算。

### 5.5.4　发明的新颖性来源

根据 Strumsky 等（2011）的研究，我们利用技术代码和它们在纳米能源专利中的共现关系识别和定义了四种发明的新颖性来源。

（1）组合性创造。

如果被用来分类某项专利 Q 的所有的 4 位 IPC 技术代码都在过去被用来分类纳米能源专利，但是，在这些技术代码中，至少存在一个二元组合（即两个技术代码间的连结关系），这个二元组合在过去没有共现于纳米能源专利中，那么专利 Q 的新颖性被分类为组合性创造（Combination Creation）。

（2）组合性再利用。

如果用来描述专利 Q 的所有 4 位 IPC 技术代码在过去都已经被用来分类纳米能源专利，并且这些技术代码间所有的二元组合关系在过去都已经被用来分类纳米能源专利，则专利 Q 的新颖性被定义为组合性再利用（Recombination Reuse）。

（3）单个再利用。

如果专利 Q 只被一个 4 位的 IPC 技术代码描述，并且该技术代码在过去也已经被用来描述纳米能源专利，则将专利 Q 的新颖性来源定义为单个再利用（Single Resue）。

（4）新颖的组合及起源。

如果专利 Q 中包含新的二元组合，在这些二元组合中，至少存在一个 4 位 IPC 技术代码在过去未被用来描述纳米能源专利，则专利 Q 的新颖性被定义为新颖的组合（Novel Combination）；如果被用来描述专利 Q 的所有 4 位 IPC 技术代码在过去都没有被用来描述纳米能源专利，则将专利 Q 的新颖性来源定义为起源（Origination）。

为了识别纳米能源专利发明的四个新颖性来源的分布情况，我们分别比较和匹配给定的三年时间窗中的纳米能源专利的 4 位 IPC 技术代码及它们之间的二元组合关系与该时间窗之前的纳米能源专利中的 4 位

IPC 技术代码以及它们之间的二元组合关系。我们将被比较和匹配的起始时间选定为 1975 年，因为在这之前几乎没检索到纳米能源专利。经过逐一、反复地比较与匹配过程，我们最终得到了纳米能源专利的四个新颖性来源分布。图 5 - 8 描述了我们获得的研究结果。

我们从该图可以观测到专利发明新颖性来源的特征如下。很显然，再利用现有的技术能力，包括组合性再利用和单个再利用，是纳米能源专利发明的两大最主要的来源。再利用现有技术能力的专利量占纳米能源专利总量的 60% ~ 90%。组合性创造是纳米能源发明新颖性的第三大来源，但是，它的观察值在过去 20 年中呈现出较大的下降。而新颖的组合和起源的专利百分比则非常少，特别是在最近的三个时间段中，它们所能解释的纳米能源专利不超过总纳米能源专利的 2%。我们的结果证实了常见的论断：很少的发明产生于崭新的技术能力，相反，绝大多数发明建立在现有技术能力组合或重组的基础之上，反过来，这些发明又为未来新的发明提供知识基础。

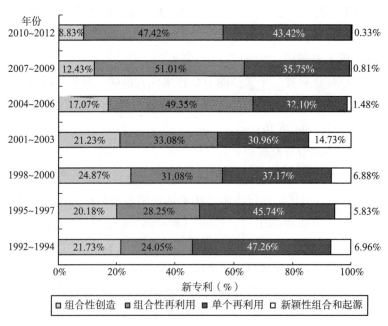

图 5 - 8　四种新颖性来源的专利百分比

## 5.5.5　技术增长的模型设定及回归估计结果

在本章节中，我们的因变量技术增长是非负的整数变量，因此我们需要选择计数型模型。计数型模型有泊松分布模型和负二项分布模型。技术增长变量呈现出过度分散的特征，因此，我们选择估计负二项面板模型。此外，鉴于 Hausman 检验（Hausman，1978）的结果，我们限定回归分析采用随机效应模型。我们使用软件 STATA 12.0 执行回归分析过程。

表 5 - 2 展示了变量的描述性统计和相关性。变量过去绩效的对数与变量组织机构数的对数的相关系数高达 0.973，并且统计上显著。这两个变量的方差膨胀因子（Vriance Inflation Factors，VIF）都大于 10，因此这两个变量之间存在严重的多重共线性（Belsley et al.，2005）。我们将变量组织机构数的对数从我们的模型中剔除，并估计全模型和每个变量的方差膨胀因子，不再存在多重共线性的问题，因为基于混合面板数据的全模型的方差膨胀因子是 3.09，并且每个变量的方差膨胀因子都低于 10。

表 5 - 3 给出了回归结果。假设 1 预测技术知识领域的网络连结强度抑制技术知识领域的增长。模型 2 与模型 6 都在 $p < 0.01$ 的显著性水平下为该假设提供了统计上的支持。因此，如果技术知识领域在过去 3 年中的网络连结强度越大，则技术知识领域在随后的观测年增长越少。假设 2 假定技术知识领域在技术网络中的网络地位促进它的增长。模型 3 和模型 6 都在 $p < 0.01$ 的显著性水平下支持该假设。因此，技术知识领域在过去 3 年中的网络地位越高，则在随后的年份增长越多。假设 3 预测技术知识领域的中介性促进它的增长。然而，我们的回归结果并不支持该假设。假设 4 认为技术知识领域的融合性对它的增长具有正向影响。该假设被模型 5 和模型 6 在 $p < 0.001$ 的显著性水平下支持。因此，技术知识领域在过去 3 年中的融合性越大，则在随后的年份中增长越多。

表5-2

变量的描述性统计和相关性

| 变量 | 最小值 | 最大值 | 均值 | 标准差 | 1. | 2. | 3. | 4. | 5. | 6. | 7. | 8. | 9. |
|---|---|---|---|---|---|---|---|---|---|---|---|---|---|
| 1. 技术增长 | 0 | 841 | 15.010 | 45.253 | 1 | | | | | | | | |
| 2. 过去绩效的对数 | 0 | 7.142 | 1.875 | 1.627 | 0.640** | 1 | | | | | | | |
| 3. 组织机构数的对数 | 0 | 6.561 | 2.095 | 1.390 | 0.646** | 0.973** | 1 | | | | | | |
| 4. 技术的年龄 | 1 | 37 | 16.390 | 9.872 | 0.330** | 0.645** | 0.630** | 1 | | | | | |
| 5. 单一率 | 0 | 1.000 | 0.110 | 0.196 | -0.014 | 0.034* | -0.025 | 0.061** | 1 | | | | |
| 6. 技术的连结强度 | 0 | 19.645 | 1.923 | 1.983 | 0.886** | 0.777** | 0.782** | 0.423** | -0.105** | 1 | | | |
| 7. 技术的地位 | 0 | 0.438 | 0.013 | 0.040 | 0.839** | 0.623** | 0.637** | 0.302** | -0.047** | 0.824** | 1 | | |
| 8. 技术的中介性 | 0.611 | 1.939 | 0.721 | 0.247 | 0.191** | 0.577** | 0.561** | 0.415** | -0.241** | 0.282** | 0.197** | 1 | |
| 9. 技术的融合性 | 0 | 3.432 | 0.727 | 0.592 | 0.442** | 0.499** | 0.522** | 0.229** | -0.217** | 0.500** | 0.521** | 0.364** | 1 |

注: n = 534, observations = 3953, * $p < 0.05$ (双尾); ** $p < 0.01$ (双尾)。

表 5 – 3　　　　　　　　　　　技术知识领域增长的回归结果

| 变量 | 模型 1 | 模型 2 | 模型 3 | 模型 4 | 模型 5 | 模型 6 |
|---|---|---|---|---|---|---|
| 常数项 | -0.3633*** (-0.068) | -0.4435*** (-0.0724) | -0.4169*** (-0.0678) | -0.309 (-0.1956) | -0.6871*** (-0.0786) | -0.2891 (-0.183) |
| 过去绩效 的对数 | 0.6229*** (-0.0233) | 0.6760*** (-0.0302) | 0.6148*** (-0.0235) | 0.6231*** (-0.0234) | 0.6702*** (-0.0241) | 0.7706*** (-0.0313) |
| 技术的年龄 | 0.0244*** (-0.0035) | 0.0222*** (-0.0036) | 0.0262*** (-0.0036) | 0.0245*** (-0.0036) | 0.0212*** (-0.0034) | 0.0173*** (-0.0032) |
| 单一率 | 0.0034 (-0.0954) | -0.0387 (-0.0971) | 0.0381 (-0.0943) | -0.0025 (-0.0973) | 0.1851* (-0.0961) | 0.0599 (-0.0966) |
| 技术的 连结强度 | | -0.0146** (-0.0053) | | | | -0.0227*** (-0.0051) |
| 技术的地位 | | | 1.3624*** (-0.2468) | | | 0.8384*** (-0.2378) |
| 技术的中介性 | | | | -0.0307 (-0.1036) | | -0.3127** (-0.1109) |
| 技术的融合性 | | | | | 0.2164*** (-0.0306) | 0.2000*** (-0.0311) |
| Log Likelihood | -8855.663 | -8851.963 | -8842.552 | -8855.619 | -8833.845 | -8818.934 |
| LR chi$^2$ | 578.42 | 585.56 | 495.55 | 564.56 | 466.35 | 414.98 |
| Prob > chi$^2$ | 0.000 | 0.000 | 0.000 | 0.000 | 0.000 | 0.000 |

注：括号中的数据是标准差；* $p < 0.05$；** $p < 0.01$，*** $p < 0.001$。

# 5.6　讨论及局限性

纳米能源领域的专利发明经历了巨大的增长，尤其是在最近几年。从授予的纳米能源专利数量曲线考虑，这个领域仍然具有巨大的发展潜力。该领域的专利发明的增长模式符合新兴技术领域的典型发展模式。纳米能源专利发明涉及的技术能力不断的突现，并且由 4 位 IPC 分类码表征的技术知识领域的数量在 2012 年几乎达到了 600。然而，存在大量的技术"朽木"，因为许多实际可以利用的技术知识领域并没有被专利审查者用来实例化纳米能源专利发明。我们识别的突现技术知识领域的共现网络表明：技术领域 B82Y 具有最大的突现值，它表示纳米结构相关的技术，意味着这个技术领域在纳米能源领域的使用频次经历了最大的突然性增加。此外，这个技术领域明显地桥架着不同的技术集群，这证实了纳米技术相关的创新性进步极大地有助于能源的生产、存储、转换和捕获等。

我们的结果为现有文献中常见的论断提供了定量的论证：发明主要涉及组合或重组现有的技术能力，而不是开发崭新的技术能力。正如从德温特专利数据库中提取的纳米能源专利所记录的那样，大约65%的纳米能源专利涌现于跨技术知识领域的组合性过程，剩余的35%的纳米能源专利都只有一个技术知识领域分类。但是，这些专利可能来自更加精细维度的组合过程，而4位IPC分类码无法捕捉到。此外，使用现有的技术能力，包括组合性创造、组合性再利用和单个技术能力的再利用，是专利发明的主要来源。在我们研究的七个3年时间窗中，使用现有技术能力的专利发明共占纳米能源总专利发明的85.27%~99.67%。

先前不可获得的崭新技术能力，包括新颖的组合和起源，在作为专利发明新颖性来源方面的作用非常有限。但是，这并不意味着崭新的技术能力不重要，因为，崭新的技术能力为随后的发明活动提供了知识输入。因此，当评估专利发明新颖性来源的重要性时，我们应该谨慎。

常见的实证策略是在发明者或研究者个体层面、企业层面或产业层面开展的。我们离开常用的策略，从技术网络嵌入的视角直接关注技术知识领域的增长，而不考虑具体任务的潜在影响。运用大量的面板数据，我们发现网络连结强度抑制技术知识领域的增长。这个结果意味着新颖的信息和优先权在发明活动中非常重要。网络地位促进技术知识领域的增长，表明技术知识领域的网络地位影响它的显著性和相关的机会和资源。我们未能发现中介性对技术知识领域增长的正向影响。最后，我们发现融合性正向影响技术知识领域的增长，意味着技术知识领域的相关性影响组合性创造过程中的组合性机会。

尽管本研究具有重要的意义，但是我们承认本研究仍然存在一些局限性。首先，我们的考察都是基于专利数据。基于专利的指标在测度技术知识领域方面具有自身的优势，但是它不能捕获专利发明活动中所涉及的所有知识，尤其是那些不可编码的知识。此外，在本研究中，我们选择只探讨一个新兴的领域——纳米能源领域，因此，我们的研究具有单一个案研究的局限性。在未来的研究中，应收集其他领域的数据实施比较分析。最后，我们探讨了纳米能源专利发明新颖性来源的分布，但是专利发明的新颖性与它的效用有何关系，这个问题有待未来探讨。

# 5.7　结论及政策建议

在本章的研究中，基于德温特专利数据库提取的专利数据，我们探讨了纳米能源领域的发明景观和技术网络嵌入对技术增长的影响。我们的研究结果主要得出以下结论。在过去 20 年中，这个领域的专利发明经历了显著的增长，技术能力也呈现出多样化。新的技术知识领域不断突现，纳米技术的创新性进步极大地促进了相关能源发明，如能源生产、存储、转换和捕获。大量的纳米能源专利发明来自于组合性的发明过程，创建于现有技术能力的重新使用。最后，我们发现网络连结强度抑制技术知识领域的增长，而网络地位和技术融合性促进技术知识领域的增长。

能源是人类生存和社会发展的重要支撑因素，但是世界上许多国家在能源供给和能源消费方面面临着严峻的挑战。然而，令我们庆幸的是，纳米技术对于改善能源生产、存储、转换和捕获表现出巨大的潜力，并且目前纳米能源专利发明正处于迅速增长时期。因此，发明者、管理者甚至政策制定者都应该重视纳米技术在能源领域的应用，抓住机会发展新兴纳米能源技术，在新一轮的能源竞争中抢占优势地位。

既然相当大部分的纳米能源专利发明是现有技术知识的组合性创造，因此，在发明活动中，发明者应该高度重视探索技术知识间的组合性关系。此外，尽管只有很小一部分纳米能源专利发明涌现于崭新的技术能力，发明者仍然需要重视开发崭新的知识。或许有时候，崭新技术知识的价值超过组合性知识。在复杂技术网络环境的背景下，发明者和管理者不仅需要考虑自身的技术知识，而且还应该重视他人拥有的技术知识。

我们的实证发现还可能有助于政策制定者。在知识经济时代，在正确的时间投资于有利可图的技术领域具有高度的战略重要性。然而，在制定战略决策时，任何个人、组织机构甚至国家管理者都面临着巨大的困难和高度的不确定性。我们的技术网络嵌入对技术增长影响的研究有助于改善对技术知识领域增长的预测能力，这有助于技术决策。

# 第 6 章

# 纳米能源科学合作网络的动态演化
## ——以中国为例<sup>*</sup>

## 6.1 研究问题

大学、研究院所和企业等组织机构的知识创造活动被广泛认为是集体的和社会的活动。大量研究已经证实了这些组织机构的知识创造活动受到组织机构参与的合作网络的影响（Cricelli and Grimaldi，2010；Sosa，2011；Guan and Zhao，2013）。具体来说，大学、研究院所和企业彼此之间建立合作关系，因为它们的知识工作者自身的知识、信息及资源的局限性，必须获得其他组织机构所拥有的知识、信息及资源。一旦这些知识工作者获得了相应的知识、信息及资源，他们就可以有效地参与知识创造过程。组织机构间合作关系导致的合作网络反映了知识创造过程中组织之间知识、信息和资源的传递和交互（Contractor et al.，2006；Popp et al.，2014）。

本章旨在探讨创新网络的整体网络如何随时间演化以及自我网络结构背后的动力机制。具体来说，我们主要关注自我网络的两个维度：自我网络增长和自我网络多样化。本研究在组织机构层面开展，我们探讨

---

* 本章部分研究内容已发表在期刊：Scientometrics，2015，102（3）：1895–1919.

组织机构之间在新兴跨学科的纳米能源领域的知识创造过程中由于科学合著关系结成合作网络。

网络理论指出，任何网络都以具体的拓扑结构为特征，网络拓扑结构是由网络行动者（Actors）之间的连结关系，不断形成和分解而导致的（Wasserman，1994）。因此，组织机构间有效合作研究的前提是根据研究者的知识资源需求和有限性以及共同的研究兴趣而合理地建立合作连结关系（Kogut and Zander，1992）。然而，研究者的知识资源需求和有限性、兴趣甚至组织的环境都随着时间的推移而不断的变化。这些变化促使组织机构改变它们的合作关系。也就是说，在知识创造过程中，为了适应动态的需求和环境，组织机构必须寻求与其他组织机构交换和组合知识和资源的新机会。这一目标能够通过重构它们的自我网络得以实现，即添加对它们有益的新合作伙伴，放弃对它们不再有益的老合作伙伴（Koka et al.，2006；Demirkan et al.，2013）。有效的拓扑合作网络结构的构建是以充分理解网络为什么以及如何随时间演化为先决条件的（Koka et al.，2006）。因此，鉴于网络促进和约束新知识的创造，有必要探讨整体合作网络的动态演化模式以及自我网络增长和多样化的驱动力（Cannella and McFadyen，2013）。此外，充分理解网络演化的动态模式和因果机制有助于网络的构建（Koka et al.，2006）。

先有研究已经探讨了合作网络结构的前因和后果（Ahuja et al.，2012；Phelps et al.，2012），并为理解合作网络结构中的知识流、促进和约束作用提供了研究基础（Borgatti and Halgin，2011）。本章节主要关注整体网络的演化模式和自我网络演化的动力机制。自我网络定义为一个单一的组织机构（Ego）以及与该组织机构发生直接连结关系的其他组织机构的集合（Alters）。也就是说，自我网络包括自方和对方、自方和对方之间的连结关系，以及对方与对方之间的连结关系。特别地，通过关注三种共存的驱动力，我们主要探讨自我网络增长和多样化的动力机制。这三种共存的驱动力是合作能力、网络地位位置和网络聚集。我们认为组织机构的这三种特征反映了它们先前的能力、显著性的吸引力，以及获取多样性与冗余性知识和资源的机会及约束。

我们的分析背景涉及中国学者的纳米能源领域的科学研究发现。这些科学研究成果都已经发表在科学期刊上并且至少由一位中国学者所著。此外，我们的研究在组织机构层面开展，我们关注那些参与纳米能源科学研究的大学、研究院所和企业的合著关系形成的合作网络。某个组织机构的自我网络增长体现为它的新的直接交易伙伴数的增加（Cannella and McFadyen，2013；Demirkan et al.，2013）。某个组织机构自我网络的多样化反映了它的合作连结关系在它的合作伙伴之间的分布的拓扑情况（Eagle et al.，2010）。在知识创造过程中，组织机构必须向它们的自我网络引入新的合作伙伴和多样化的连结关系，以获取因变化的环境所需求的新知识资源以及搜寻新的思想和组合。组织机构的自我网络变化也可能体现为连结关系的增强或削弱（Granovetter，1973）。尽管如此，本章节主要关注自我网络的增长和多样化。原因有以下两个方面：第一，自我网络的新进入者和连结关系的拓扑分布影响自我网络的功能以及随后的新知识创造的成功性（Goerzen and Beamish，2005；Cannella and McFadyen，2013）；第二，自我网络增长和多样化是很容易观察到的最基本的和重要的网络变化（Demirkan et al.，2013）。

通过研究新兴跨学科纳米能源领域组织机构间的合作网络的动态演化，我们期望贡献于网络动态和知识创造的研究。知识创造背景下开展的先有研究为理解网络演化提供了重要见解，如网络结构在演化过程中的动态变化模式以及它的阶段性的特征（Ronda – Pupo and Guerras – Martín，2010；Gulati et al.，2012），预测结构洞涌现的网络结构约束和机会（Zaheer and Soda，2009），以及预测新连结关系形成的偏好连结机制和同质性机制（Barabási，2012；Wang and Zhu，2014）。相比之下，我们期望通过本章节的研究证实组织机构的自我网络增长和自我网络多样化是由组织的知识资源需求和有限性，以及它们的网络结构特征所体现的机会和约束驱动的。为了开展本章节的研究内容，我们主要将组织机构在 t 期网络中的网络配置（网络地位和网络聚集）以及合作能力与组织机构在 t + 1 期网络中的自我网络增长和自我网络多样化的演化路径联系起来。

## 6.2    理论背景及研究假设

知识创造的背景尤其适合探讨网络动态，因为知识创造是一个不断演化的过程。在这个过程中，当组织机构内部的知识和资源无法满足某个组织机构研究者的研究需求时，他们可能需要与机构外部的研究者组合或者交换知识及资源。在知识资源的传递和交换过程中，组织机构之间的合作网络就形成了。然而，新知识的创造使旧知识过时。因此，当现有合作伙伴拥有的知识和资源不再有利于组织机构的新知识创造时，研究缺口激发组织机构调整它们的合作连结关系以适应不断变化的研究需求（Bouty，2000）。

### 6.2.1    网络能力效应

能力是一种独特的和不可转让的资源（Makadok，2001）。在合作网络中，网络成员通常拥有与其他网络成员在知识创造过程中组合或交换知识及资源的异质性能力。换句话说，不同的网络成员很可能显示出不同水平的创造和获取网络知识和资源的能力。任何一个网络成员要想成功地与其他网络成员组合或交换知识与资源，都必须拥有相应的能力来识别、评估、管理、同化和利用自身的知识与资源以及那些来自其他网络成员的知识与资源（Buchmann and Pyka，2013）。一个网络成员的合作能力象征着它未来合作关系的潜力。因为很难识别有益的合作伙伴，尤其是它们所拥有的隐性的知识和资源，那么，为了减少合作过程中的风险性和不确定性，理想的做法是与知名的合作伙伴合作。

一个网络成员的合著能力记录了它先前的合作经历，合作能力是先前合作活动成功与失败的函数（Koka et al.，2006；Rosenkopf and Padula，2008）。一个网络成员在过去的知识创造过程中成功的合作研究行为会提高这个网络成员的显著性、可见性和名声（Stuart，1998；Demirkan et al.，

2013）。此外，这种成功的合作研究也提高了该网络成员的信任水平，这种信任可以被其他网络成员感受到。因此，一个网络成员的合作能力表征着它与其他网络成员合作的潜力。具有较高合作能力的网络成员可能吸引大量的新合作者以及随后的多样化连结关系。

此外，网络成员的合作能力表现出累计效应（Buchmann and Pyka，2013）。也就是说，一个网络成员先前的合作能力影响着它未来的合作倾向和绩效。如果一个网络成员积累了相关的合作能力，那么这个网络成员就可以轻松高效地识别、评估和吸收外部的知识和资源（Demirkan et al.，2013）。因此，具有高水平合作能力的网络成员在未来也倾向于与他人建立合作关系，从而扩展并多样化它的自我网络。

根据上面的论述，我们提出了以下两个研究假设：

假设 1a：一个组织机构在 t 期的合作能力正向影响它在随后的 t + 1 期的自我网络增长。

假设 1b：一个组织机构在 t 期的合作能力正向影响它在随后的 t + 1 期的自我网络多样化。

## 6.2.2　网络地位效应

网络地位是一个社会学概念，它代表着网络成员在网络中所占据的位置（Jensen and Roy，2008；Podolny，2010；Granados and Knoke，2013）。网络地位可以根据网络成员在网络拓扑结构中的中心位置或社会排名来测度（Jensen and Roy，2008；Simcoe and Waguespack，2011；Chandler et al.，2013）。中心位置被广泛用来作为网络地位的代理指标，其中包括中介中心性、接近中心性和权威中心性等（Bonacich，1987；Milanov and Shepherd，2013）。网络成员的地位位置影响它获得有关潜在合作伙伴的详细信息的能力，以及随后它关于合作连结的决策（Gulati and Gargiulo，1999）。此外，一个网络成员的地位位置体现了它对其他网络成员的可见性及显著性，即使这个网络成员与其他成员之间并不存在直接或间接的互动关系。因此，一个网络成员的地位位置影响其他成员与该网络成员建立合作关系的愿望（Gulati and Gargiulo，1999）。具有优越地位的网络成员能够成功地吸引合作者，从而促进知识创造过程中的知识及资源的组合和交换（Ebbers and Wijnberg，2010）。

行动者倾向于与占据优越网络地位位置的网络成员组合或交换知识及资源，因为，合作连结不仅是知识及资源流通的渠道，而且合作连结也是地位映射的棱镜（Podolny，2001；Granados and Knoke，2013；Leung，2013）。行动者可以通过与具有优越地位的网络成员建立合作关系，从而增强自身的地位。具体来说，在某种程度上，这个网络成员的地位是由它的合作伙伴的地位映射而得到的。因此，具有优越地位位置的网络成员很可能吸引新的合作伙伴并引入多样化的连结关系。从而网络成员的地位位置促进它的自我网络增长和自我网络多样化。

根据上述讨论，我们提出以下两个研究假设：

假设 H2a：一个组织机构在 t 期网络中的地位位置正向影响它在随后 t + 1 期的自我网络增长。

假设 H2b：一个组织机构在 t 期网络中的地位位置正向影响它在随后 t + 1 期自我网络多样化。

### 6.2.3 网络聚集效应

当合作者连结形成稳定、封闭和密集的网络结构时，网络表现出聚集效应。因此，我们识别每个网络成员的密度和总约束，分别用来测度它们的自我网络聚集水平。对于一个组织机构的自我网络来说，密度（Eensity）表明这个组织机构的合作伙伴在多大程度上彼此是合作伙伴。总约束（Aggregate Constraint）表示一个组织机构在它的自我网络中对其他组织机构的相对依赖性以及这个组织机构的合作伙伴彼此连结的程度（Burt，1992）。一个组织机构的这两个指标与获得独特的知识及资源还是冗余性的知识及资源相关，还表明这个组织机构的合作伙伴的自由交互的程度以及这个组织机构所受到的约束程度（Burt，1992；Obstfeld，2005）。

在聚集的网络结构中，网络成员经常共享合作伙伴。因此，一般来说，在聚集的网络结构中，网络成员容易形成惯例、标准和习惯（Zaheer and Soda，2009）。在惯例、标准和习惯这些社会压力的作用下，聚集网络中的合作连结随着时间的推移不断地持续和复制，最终导致网络结构的锁定（Zaheer and Soda，2009）。因此，当聚集网络结构中的同一组网络成员持续地交互作用时，他们可能获得重复的、同质性的信息或思想（Burt，1992；Lee，2010）。直观地，在知识创造过程中，独特的信息或思想比冗余的信息或思想更有益。然而，独特的信息或思想通常存在于稀疏的网络或整体网络的边缘位置（Cattani and Ferriani，2008）。因此，聚集网络中的成员通常在适应变化的环境方面面临更大的风险（Uzzi，1997）。而且，因为网络结构的锁定和社会压力，聚集的网络结构限制未来的变化。因此，聚集网络中的网络成员不大可能引入新的合作伙伴和多样化的连结关系。

根据以上讨论，我们提出以下两个研究假设：

假设 H3a：一个组织机构在 t 期的自我网络聚集对它在随后 t + 1 期的自我网络增长具有负向影响。

假设 H3b：一个组织机构在 t 期的自我网络聚集对它在随后 t + 1 期的自我网络多样化具有负向影响。

本章节有关自我网络增长和自我网络多样化的理论概念模型如图 6 - 1 所示。

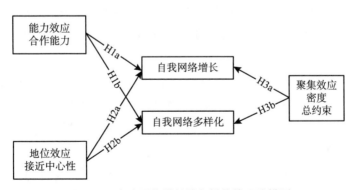

图 6 - 1　自我网络增长及多样化的理论模型

# 6.3 研 究 方 法

## 6.3.1 数 据 收 集

我们基于 1998 ~ 2012 年中国学者发表的纳米能源论文数据探讨组织机构间科学合作网络的动态演化模式和自我网络增长与自我网络多样化的驱动力。我们收集至少有一位中国学者作为作者的纳米能源论文。我们选择在纳米能源研究领域开展本章节研究内容有以下几个方面的原因。第一，纳米能源是新兴的跨学科领域（Menéndez - Manjón et al.，2011；Guan and Liu，2014，2015）。因此，与传统的单一学科领域相比，该领域存在更多的组织机构间的合作关系。第二，先前的文献计量分析研究表明纳米能源领域的科学研究产出表现出强劲的增长势头（Guan and Liu，2014）。因此，这个领域的组织机构之间的合作网络充满了发展的潜力，从而导致自我网络的增长和多样化。第三，很少有学者关注中国情景下纳米能源领域组织机构间合作网络的动态。目前，由于中国密集的人口和快速的经济增长，中国已经成为世界上最主要的能源消费和生产国（EIA，2013）。开发创新性的方法来生产和消费能源是中国在能源方面的首要任务。因此，中国的纳米能源科学研究具有重要的意义。考虑到这些原因，我们选择在纳米能源领域开展本章节的研究内容。

我们从汤森路透公司所提供的 SCI - E 数据库中收集那些至少有一位中国学者撰写的纳米能源论文。在纳米能源论文数据收集过程中，我们采用第 3 章 3.3 节定义的纳米能源论文检索词及检索方法来检索纳米能源论文数据。

我们于 2013 年 9 月执行了纳米能源论文数据的检索过程，并以纯文本的格式下载获得了具有完整文献计量信息的纳米能源论文。我们将检索下载的论文载入软件 Sci$^2$ Tool 做进一步的清洗和分析。经过彻底的数据清洗过程，我们最终获得了 1998～2012 年至少有一位中国学者撰写的 20012 篇纳米能源论文。

## 6.3.2　数据处理及合作网络构建

为了构建组织机构间的科学合作网络，我们从每篇纳米能源论文的作者地址信息中提取他们的机构信息。从我们获得的机构信息可以观测到一个组织机构可能有几个不同的名字。这种现象存在的原因可能是重命名现象或拼写的错误。这种现象在中国更为常见。例如，Tsing hua univ、Tsinghua univ 和 Qinghua univ 是同一所大学。同样，Beijing univ 和 Peking univ 也是同一所大学。为了确保数据的精确性，我们仔细地检查每个组织机构的名字并进行标准化处理。首先，我们从纳米能源论文中提取组织机构的全名信息，其次，从它们的官方网站以及互联网上检索获得它们的标准名称，最后，将同一个组织机构的不同名称都转化为标准名称。这是一个极其烦琐的数据处理过程。

图 6-2 描述了 1998～2012 年至少有一位中国学者撰写发表的纳米能源论文数量以及组织机构间合著的纳米能源论文数量随时间的演化过程。从该图可知，中国的纳米能源科学研究呈现出强劲地发展势头；并且在该领域，组织机构间的合作研究是至关重要的。在研究的时间段内，中国的纳米能源论文总数和组织机构间合著的纳米能源论文数都呈现出显著的增长。此外，组织机构间合著的纳米能源论文大约占每年发表的纳米能源论文数的一半。

我们根据大学、研究院所和企业在纳米能源知识创造过程中的合著信息构建组织机构层面无向加权的合作网络。换句话说，如果几个组织机构共同合著了一篇纳米能源论文，那么我们认为这些组织机构两两之间存在一次合著关系。图 6-3 给出了合作网络的生成过程。我们以 3 年移动时间窗来构建合作网络。在研究过程，5 年移动时间窗也被用来构建了合作网络，研究表明，它对实证结果并不产生影响。软件 Sci$^2$ Tool

127

被用来构建和可视化组织机构间的合作网络，软件 Pajek 被用来计算相关的网络指标。最后，我们共生成了 1998~2012 年 13 期组织机构层面的合作网络。

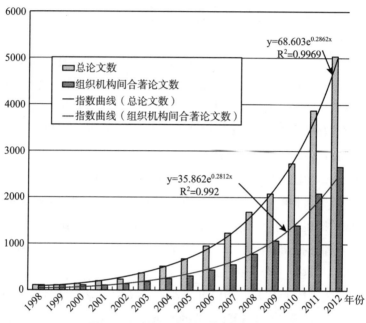

图 6-2　中国纳米能源科学研究产出

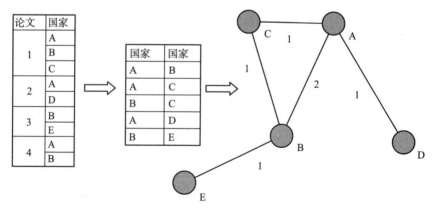

图 6-3　合作网络生成过程示意图

　　根据我们构建的 3 年移动时间窗的组织机构间的合作网络，识别大学和研究院所，以构成自我网络增长和自我网络多样化的动力机制的实证检验样本。经过识别过程，我们的样本包括了 46 个中国的大学和研究院所，共 532 个观测样本。因此，我们的面板数据是非平衡的。虽然，许多中国的大学、研究院所以及其他类型的组织机构开展了纳米能源科学研究，但是我们的实证研究只考虑那些稳定和长期的从事纳米能源科学研究的组织机构，因为，我们发现广泛存在新组织机构的重复进入和现有组织机构不断地退出。

## 6.3.3　变量定义

　　我们将自我网络结构的两个维度——增长和多样化作为因变量。一个组织机构在 t + 1 期的自我网络增长是基于该组织机构的新合作伙伴数确定的。这些新合作伙伴与该组织机构在 t + 1 期的纳米能源知识创造过程中结成了合作连结关系。如果它在 t 期没有与该组织机构建立合作关系，一个合作伙伴被视为某个组织机构 t + 1 期新增加的合作伙伴。因此，我们要计算某个组织机构在 t + 1 自我网络的增长，就需要匹配和比较这个组织机构 t 期和 t + 1 期的合作伙伴，以确定哪些合作伙伴是新增加的。该匹配过程使用 Excel 函数来实现。我们计算出某个组织机构在 t 期没有出现而在 t + 1 期出现的合作伙伴数量，即为该组织机构在 t + 1 期自我网络的增长。

　　某个组织机构在 t + 1 期自我网络的多样化指标被用来测度该组织机构合作关系在它的合作伙伴之间分布的拓扑多样性。一些学者已经采用香农熵（Shannon Entropy）来计算自我网络拓扑结构的多样性（Xie and Levinson，2007；Eagle et al. ，2010；Sun and Liu，2013）。因此，在本研究中，我们也根据香农熵计算组织机构的自我网络多样化（Shannon，2001）。某个组织机构的自我网络多样化的计算根据以下两个特征：（1）这个组织机构合作伙伴的数量；（2）这个组织机构与它的每个合作伙伴合作的频次。综上所述，对于某个组织机构的自我网络多样化，可以通过以下公式计算得到：

$$\text{Ego Network Diversity}_i = -\sum_{j=1}^{s} p_{ij}\ln p_{ij} \qquad (6.1)$$

式中，s 是组织机构 i 的直接合作伙伴的总数量，$p_{ij}$ 是组织机构 i 与某个特定的组织机构 j 之间的合作频次占组织机构 i 与它的所有合作伙伴的合作总频次的比率。$p_{ij}$ 可以通过以下公式计算得到：

$$p_{ij} = \frac{x_{ij}}{\sum_{j=1}^{s} x_{ij}} \qquad (6.2)$$

式中，$x_{ij}$ 表示组织机构 i 与组织机构 j 之间的合作频次。例如，某个大学与其他的组织机构在纳米能源知识创造过程中共合著了 6 篇论文。在这 6 篇论文中，其中 4 篇是该大学与大学 A 合著的，而另 2 篇是该大学与大学 B 合著的。那么这个大学自我网络的多样化可以表示为：

$$\text{Ego Network Diversity} = -\left(\frac{4}{6}\ln\frac{4}{6} + \frac{2}{6}\ln\frac{2}{6}\right) = 0.63365 \quad (6.3)$$

因此，如果一个组织机构仅有一个合作伙伴，那么这个组织机构的自我网络多样化的得分为 0。

本章中的自变量包括网络能力效应（合作能力）、网络地位效应（接近中心性）和网络聚集效应（密度和总约束）。我们认为具有高水平合作绩效的组织机构也拥有良好的合作能力。因此，一个组织机构的合作能力可以近似地通过这个组织机构与其他组织机构在 t 期的合著论文数量的自然对数来估计，如计算公式（6.4）。

$$\text{Collaborative Capacity}_i = \ln(\text{NbCollaboraArticles}_i) \qquad (6.4)$$

从该公式可知，随着组织机构合著论文数量的增加，组织机构的合著能力以递减的速率增加。

我们利用接近中心性作为网络地位位置的代理指标。这个指标是网络节点中心位置的常见测度指标（Freeman，1979；Borgatti，2005；Li et al.，2013）。一个给定节点的接近中心性被定义为该节点与网络中所有其他节点之间最短路径的平均值（Freeman，1979）。因此，这个变量是基于某个给定的节点与网络中所有其他节点的测地距离的总和确定的。测地距离，即两个网络行动者之间最短路径所包含的边数。总之，某个节点的接近中心性测度该节点与网络中所有其他节点有多接近。因此，它是网络地位位置的良好代理指标。例如，如果一个组织机构具有较小的接近中心性，那么这个组织机构收到网络中传递的信息就越迟缓。这个变量可以通过以下公式计算得到：

$$\text{Closeness Centrality} = \frac{n-1}{\sum\limits_{j} \text{dis} \tan \text{ce}_{ij}} \qquad (6.5)$$

根据 Obstfeld（2005）的做法，我们分别利用两个网络指标来测度自我网络的聚集效应：自我网络的密度和 Burt（2009）的总约束指标。从逻辑上讲，网络中的潜在连结关系或可能的连结关系在现实中并不一定发生。因此，一个节点的自我网络密度测度这个节点的合作伙伴在多大程度上彼此也是合作伙伴。因此，组织机构的自我网络密度可以被操作化为这个组织机构 i 的合作伙伴之间的实际连结数与它们之间所有潜在连结数的比率，可以通过公式（6.6）计算得到：

$$\text{Density}_i = \frac{2L_i}{g(g-1)} \qquad (6.6)$$

式中，$L_i$ 是组织机构 i 的合作伙伴之间实际存在的连结数，$g(g-1)/2$ 是组织机构 i 的合作伙伴之间可能存在的所有潜在连结数。

组织机构 i 的总约束被用来识别该组织机构对它的合作伙伴的相对依赖性以及这个组织机构的合作伙伴在多大程度上彼此连结（Burt，1992；Obstfeld，2005）。这个指标被定义为自我 i 与对方 j 合作连结的比率。换句话说，这个指标是自我 i 与对方 j 之间直接连结数的比率以及这两者之间间接连结数（自我 i 能够通过其他节点达到对方 j）比率的函数。组织机构 i 的总约束可以通过公式（6.7）计算得到：

$$\text{Aggregate Constraint}_i = \sum_{j}\left(p_{ij} + \sum_{m \neq i \neq j} p_{im} p_{mj}\right)^2 \qquad (6.7)$$

式中，$p_{ij}$ 是组织机构 i 和组织机构 j 之间直接连结的频次占组织机构 i 与它的所有合作伙伴之间连结频次的比率；$p_{im}$ 和 $p_{mj}$ 具有类似的定义。如果组织机构 i 的总约束得分越低，说明它占据一个不太受约束的位置，因此，这个组织机构 i 更多地扮演中介人的角色，因而能获得更多的非冗余知识及资源（Burt，1992；Forti et al.，2013）。

我们不能获得某个给定的组织机构在具体的纳米能源领域的科学研究的研究投入数据。然而，研究投入可能影响自我网络的增长和多样化。因此，我们效仿常见的做法，通过将组织机构在过去4年中发表的纳米能源论文数作为代理指标来控制这种影响（Gonzalez – Brambila et al.，2013）。

# 6.4　研究结果

## 6.4.1　整体网络的动态性

本部分探讨组织间合作网络的整体网络动态特征。图 6 - 4（a）与图 6 - 4（b）分别展示了组织间合作网络的节点和边的数量在 1998 ~ 2012 年的变化。通过该图可知，参与组织间纳米能源科学合作研究的组织机构的数量大幅上涨。组织机构间的合作连结数也表现出类似的趋势。合作网络中节点和连结数都呈现出清晰的指数增长模式，这表明被探讨的组织机构间的科学合作网络目前正处于快速的增长阶段并且具有巨大的扩张潜力。

为了强调组织机构间合作网络的拓扑结构的演化以及节点和边增加的动态过程，图 6 - 5 给出了 1998 ~ 2000 年，2004 ~ 2006 年与 2010 ~ 2012 年三个时间阶段的组织机构间的科学合作网络拓扑结构。这三个子图描述了网络清晰的增长过程。随着时间的推移，组织机构间的科学合作网络得到了实质性的发展，并且变得更加密集和庞大。此外，每个科学合作网络都呈现出一个"核心—外围"的网络结构。在这种"核心—外围"的网络结构中，组织机构间的连结关系逐步增加。这三个科学合作网络的最大连通分图随时间的推移扩张非常大。从直觉上看，组织机构间纳米能源科学研究合作网络具有小世界特性。

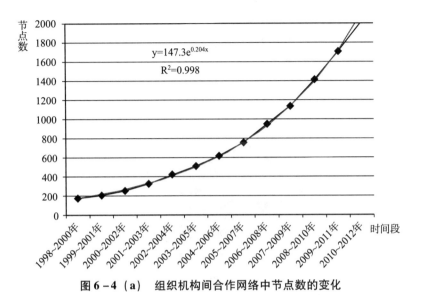

**图 6-4（a）　组织机构间合作网络中节点数的变化**

**图 6-4（b）　组织机构间合作网络中边数的变化**

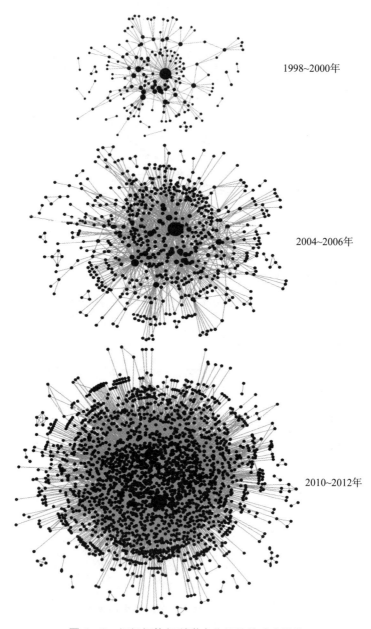

1998~2000年

2004~2006年

2010~2012年

图 6-5　组织机构间科学合作网络的动态演化

## 6.4.2　小世界性

为了检验组织机构间纳米能源科学合作网络的小世界特性，我们采用 Watts 和 Strogatz（1998）开发的方法。也就是说，我们将实际网络的平均路径长度和聚集系数与具有相同规模的随机网络的平均路径长度和聚集系数相比较。我们通过使用小世界商数 Q 来量化该比较过程，小世界商数 Q 可以通过以下公式计算：

$$Q = \frac{CC_{ratio}}{PL_{ratio}} = \frac{C_{actual}/C_{random}}{PL_{actual}/PL_{random}} \tag{6.8}$$

小世界性只有在连通的网络中才有实际意义，因此，我们提取每个合作网络的最大连通分图。如果小世界商数 Q 比 1 大，那么我们认为合作网络是小世界网络。根据 Watts and Strogatz（1998）的理论，对于一个实际网络如果 $N \gg k$，N 表示网络中的实际行动者（Actors）数量，k 表示每个活动者的连结（Ties）数量，随机网络的聚集系数 $C_{random}$ 及平均路径长度 $PL_{random}$ 可以通过以下两个公式估计：

$$C_{random} = \frac{k}{N} \tag{6.9}$$

$$PL_{random} = \frac{\ln(N)}{\ln(k)} \tag{6.10}$$

一个网络被认为是小世界网络，如果 $C_{actual}/C_{radom} \gg 1$ 并且 $L_{actual}/L_{random} \approx 1$。也就是说，小世界商数 Q 越大，网络的小世界性就越大。小世界性的网络具有两个特性：像规则网络一样，具有高水平的聚集；像随机网络一样，具有相对较短的测地距离（Watts and Strogatz，1998）。这两个特征影响网络中知识及信息传递的广度与深度。

图 6-6 展示了 1998~2012 年每个合作网络的最大连通分图的小世界特性。该图证实了本研究所探讨的合作网络的小世界结构。正如我们在该图中可以观测到的一样，实际网络与随机网络的聚集系数比率 $C_{actual}/C_{random}$ 都显著大于 1，因而表明实际网络的聚集系数显著大于随机

网络的聚集系数。而且，实际网络与随机网络的平均路径长度的比率 $L_{actual}/L_{random}$ 的值在 $0.72 \sim 0.84$ 之间变化，因而表明实际网络中的行动者之间具有相对较短的路径距离。

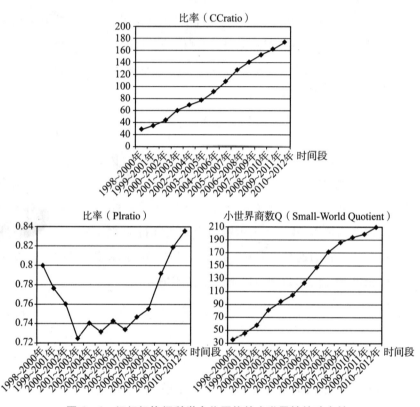

**图 6-6 组织机构间科学合作网络的小世界性的动态性**

该图还表明小世界商数 Q 随着时间的推移逐渐增大，这表明组织机构间的科学合作网络虽然具有小世界性，但并不总是保持着相同的小世界性。Gulati（2012）证实在全球计算机产业，组织机构间合作网络的小世界结构是高度动态的，并且呈现倒 U 型的演化模式。在这种模式中，组织机构间合作网络的小世界性首先呈现出上升的状态，在小世界性达到一定值后，小世界性开始呈现下降的状态（Gulati et al.，2012）。这种小世界性的演变模式是由于网络结构先增长然后又分裂的演变模式引起的。通过与成熟计算机产业的合作网络的小世界性动态模式的比较，组织机构间纳米能源科学研究合作网络的小世界性的增长趋势可能表明这个领域的科学合作网络仍然处于增长期。

### 6.4.3　自我网络增长及自我网络多样化的实证检验

我们的因变量自我网络增长是非负整数变量，因此，我们应该选择计数型模型。计数型模型存在泊松分布模型和负二项分布模型。根据对自我网络增长这个变量的分布的检验结果，我们选择估计泊松模型而不是负二项模型，因为检验结果证实了一个在显著性水平 0.001 下的常数变异。对于自我网络多样化变量，我们选择估计一般的线性回归模型。对于这两个因变量，我们都分别估计了固定效应模型和随机效应模型。

表 6-1 报告了本章节关注变量的描述性统计和相关矩阵。我们样本中的组织机构平均每 4 年发表 80.55 篇纳米能源论文。合著能力使用组织机构在 t-1 期合著论文数量的自然对数来衡量，它在 0~8.2657 之间变动。此外，接近中心性的均值为 0.3707。密度和总约束都在 0~1 之间变动，它们均值分别为 0.1408 与 0.1785。自我网络增长的均值为 9.1111，表明在 t+1 期的网络中组织机构向它的自我网络中大约引进 9 个新合作伙伴。自我网络多样性是通过香农熵定义的，它在 0~5.8130 之间变动。正如该表所示，因变量自我网络增长和自我网络多样化都分别与自变量合著能力、接近中心性以及控制变量先前的发表能力存在显著的正相关关系。此外，我们发现因变量自我网络增长和自我网络多样化都与自变量密度和总约束之间存在显著的负相关关系。

表6-1　变量的描述性统计和相关矩阵（N=532）

| 变量 | 最小值 | 最大值 | 均值 | 标准差 | 1. | 2. | 3. | 4. | 5. | 6. |
|---|---|---|---|---|---|---|---|---|---|---|
| 1. 过去发表论文量 | 1 | 2257 | 80.55 | 167.023 | 1 | | | | | |
| 2. 合作能力 | 0 | 8.2657 | 3.0667 | 1.2793 | 0.623** | 1 | | | | |
| 3. 接近中心性 | 0.0110 | 0.5748 | 0.3707 | 0.0597 | 0.583** | 0.846** | 1 | | | |
| 4. 密度 | 0 | 1 | 0.1408 | 0.1373 | 0.240** | -0.462** | -0.249** | 1 | | |
| 5. 总约束 | 0.0148 | 1 | 0.1785 | 0.1667 | -0.307** | -0.763** | -0.696** | 0.428** | 1 | |
| 6. 自我网络增长 | 0 | 103 | 9.1111 | 11.7136 | 0.833** | 0.725** | 0.685** | -0.340** | -0.451** | 1 |
| 7. 自我网络多样性 | 0 | 5.8130 | 2.7818 | 1.0616 | 0.581** | 0.955** | 0.842** | -0.450** | -0.852** | 0.721** |

注：* $p < 0.05$（双尾）；** $p < 0.01$（双尾）。

自变量密度和总约束都分别用来测度自我网络的聚集效应。因此，我们分别将这两个自变量引入全模型。表6-2报告了自我网络增长的泊松回归结果。首先，在全模型6a与7a中，当其他变量引入随机效应模型时，每个变量对自我网络增长的贡献受到了一定的调节。在模型2a、6a与7a中，变量合著能力与自我网络增长之间的关系是正向的并且在的显著性水平下显著，正如假设H1a所假定的那样。我们在固定效应模型2b、6b与7b中也获得了类似的回归结果。因而，假设H1a得到了验证。因此，组织机构在t期的合著能力正向影响它在随后t+1期的自我网络增长。在模型3a中，接近中心性对自我网络增长的正向影响证实假设H2a。当引入其他自变量时，接近中心性对自我网络增长的正向影响在模型6a与7a中仍然在p<0.001的显著性水平下存在。而且，在固定效应模型2b、6b和7b中，接近中心性也正向显著地影响自我网络增长。因而，假设H2a被我们的检验所证实。因此，组织机构在t期的网络地位位置正向影响它在随后t+1期的自我网络增长。自变量密度的回归结果在模型4a中支持假设H3a，它对自我网络增长的负向影响在全模型6a与7a中仍然在p<0.001的显著性水平下存在。对于密度对自我网络增长的影响，我们在固定效应模型中也得到了类似的结果。此外，鉴于自变量总约束对自我网络增长的显著负向影响，因而，固定效应和随机效应模型的实证检验结果都支持假设H3a。因此，假设H3a获得了验证。换句话说，组织机构在t期的网络聚集抑制它在随后t+1的自我网络增长。

表6-3报告了自我网络多样化的固定效应和随机效应的回归结果，用来表明某些具体的变量对自我网络多样化的影响。正如该表所示，当其他变量引入全模型时，绝大多数变量对自我网络多样化的影响受到了一定的调节。根据模型2a、6a及7a中的随机效应的回归结果，以及模型2b、6b及7b中的固定效应的回归结果，假设H1b在p<0.001的显著性水平下被证实。该结果表明组织机构在t期的合著能力正向影响它在随后t+1期的自我网络多样化。在模型3a、6a及7a中，接近中心性的回归系数是正向的并且在统计显著水平p<0.01下显著，该结果支持

納米能源的复杂创新网络研究

表6-2 自我网络增长的泊松回归结果

| 变量 | 模型1a | 模型2a | 模型3a | 模型4a | 模型5a | 模型6a | 模型7a |
|---|---|---|---|---|---|---|---|
| | | | | 自我网络增长（随机效应） | | | |
| 常数项 | 1.9817*** (0.0417) | -0.4515*** (0.0737) | -7.1991*** (0.2670) | 2.8406*** (0.0503) | 3.3424*** (0.0614) | -4.1754*** (0.3518) | -2.3636*** (0.4177) |
| 过去发表论文量 | 0.0417*** (0.0001) | 0.0303*** (0.0001) | 0.0003*** (0.0001) | 0.0012*** (0.0001) | 0.0009*** (0.0001) | 0.0002** (0.0001) | 0.0003*** (0.0001) |
| 合作能力 | | 0.7070*** (0.0179) | | | | 2228*** (0.0383) | 0.1879** (0.0402) |
| 接近中心性 | | | 23.7907*** (0.6662) | | | 15.1175*** (1.1332) | 11.0214*** (1.1896) |
| 密度 | | | | -7.5289*** (0.3423) | | -3.8340*** (0.4753) | |
| 总约束 | | | | | -11.3863*** (0.3680) | | -4.7253*** (0.4946) |

140

续表

| 变量 | 自我网络增长（固定效应） | | | | | | |
|---|---|---|---|---|---|---|---|
| | 模型 1b | 模型 2b | 模型 3b | 模型 4b | 模型 5b | 模型 6b | 模型 7b |
| 常数项 | — | — | — | — | — | — | — |
| 过去发表论文量 | 0.0013*** (0.0001) | 0.0003*** (0.0001) | 0.0003*** (0.0001) | 0.0012*** (0.0001) | 0.0008*** (0.0001) | 0.0002*** (0.0001) | 0.0003*** (0.0001) |
| 合作能力 | | 0.7179*** (0.0183) | | | | 0.1875*** (0.0391) | 0.1472*** (0.0416) |
| 接近中心性 | | | 24.3363*** (0.6712) | | | 16.4936*** (1.1500) | 12.5296*** (1.2201) |
| 密度 | | | | -7.8676*** (0.3590) | | -4.2703*** (0.5015) | |
| 总约束 | | | | | -11.7318*** (0.3776) | | -4.8527*** (0.5251) |

注：$*p < 0.05$，$**p < 0.01$，$***p < 0.001$；括号中的数据是标准差。

表6-3　自我网络多样化的泊松回归结果

自我网络多样化（随机效应）

| 变量 | 模型1a | 模型2a | 模型3a | 模型4a | 模型5a | 模型6a | 模型7a |
|---|---|---|---|---|---|---|---|
| 常数项 | 2.4731*** (0.0502) | 0.5079*** (0.0428) | -2.5335*** (0.1761) | 2.8765*** (0.0612) | 3.4422*** (0.0337) | -0.2944** (0.1120) | 1.0216*** (0.1141) |
| 过去发表论文量 | 0.0037*** (0.0002) | -0.0002 (0.0001) | 0.0012*** (0.0002) | 0.0033*** (0.0002) | 0.0022*** (0.0001) | -0.0001 (0.0001) | 0.0003*** (0.0001) |
| 合作能力 | | 0.8087*** (0.0124) | | | | 0.7109*** (0.0221) | 0.5497*** (0.0182) |
| 接近中心性 | | | 14.0519*** (0.4810) | | | 2.4657*** (0.4249) | 0.9842** (0.3309) |
| 密度 | | | | -2.5546*** (0.2630) | | -0.0938 (0.1092) | |
| 总约束 | | | | | -4.7269*** (0.1172) | | -1.8039*** (0.1003) |

续表

自我网络多样化（固定效应）

| 变量 | 模型1b | 模型2b | 模型3b | 模型4b | 模型5b | 模型6b | 模型7b |
|---|---|---|---|---|---|---|---|
| 常数项 | 2.4698*** (0.0443) | 0.3117*** (0.0366) | -2.6668*** (0.1760) | 2.8701*** (0.0601) | 3.4407*** (0.0338) | -0.3133** (0.1139) | 0.9515*** (0.1196) |
| 过去发表论文量 | 0.0039*** (0.0003) | -0.0002 (0.0001) | 0.0014*** (0.0002) | 0.0035*** (0.0003) | 0.0023*** (0.0002) | -0.0001 (0.0001) | 0.0003** (0.0001) |
| 合作能力 | | 0.8096*** (0.0126) | | | | 0.7136*** (0.0229) | 0.5620*** (0.0187) |
| 接近中心性 | | | 14.3839*** (0.4872) | | | 2.4825*** (0.4413) | 1.0327*** (0.3496) |
| 密度 | | | | -2.6146*** (0.2872) | | -0.0358 (0.1127) | |
| 总约束 | | | | | -4.7096*** (0.1235) | | -1.6914*** (0.1033) |

注：* $p < 0.05$，** $p < 0.01$，*** $p < 0.001$；括号中的数据是标准差。

假设 H2b。此外，该假设在固定效应回归模型 3b、6b 及 7b 中也被证实。因此，组织机构在 t 期的网络中的地位位置正向影响它在随后 t + 1 期的自我网络多样化。在模型 4a 与 4b 中，自变量密度对自我网络多样化的显著负向影响证实假设 H3b。但是，这种影响在全模型 6a 及 b6 中消失了，虽然该变量的系数仍然是负向的，但是它不再显著。与此同时，鉴于自变量总约束对自我网络多样化的显著负向影响，固定和随机效应模型的实证检验结果都支持假设 H3b。因而，综合考虑变量密度和总约束对自我网络多样化的影响，假设 H3b 被部分的证实。因而，组织机构在 t 期的网络聚集效应在一定程度上负向影响它在随后 t + 1 期的自我网络多样化。

## 6.4.4 讨论

通过开展本章节的研究，我们发现不仅中国的纳米能源科学研究产出持续增长，而且组织机构间纳米能源科学合作研究和合作网络也持续增长。我们从以下几个方面解释这些增长的原因。第一，纳米能源研究是一个有前途的新兴领域。鉴于中国能源与环境的严峻形势，纳米技术极大地有助于能源领域，因此，越来越多的组织机构参与从事纳米能源科学研究。第二，纳米能源领域是一个新兴的跨学科领域。纳米能源科学研究的复杂性促进组织机构之间的科学合作。科学合作可以共享研究设备和实验人员，从而减少研究成本和降低研究风险。第三，纳米技术在能源领域的应用符合中国目前实施的能源策略和政策。当前，中国倡导能源节约、绿色低碳和技术领先。此外，中国政府在"863 计划"和"973 计划"中发起了基础纳米能源研究。政府还鼓励合作研究，特别是国际合作研究。因此，当前的政策环境和财政投资有利于纳米能源科学研究。

关于自我网络增长和多样化，我们的研究结果证实组织机构过去 t 期的合著能力诱导它在随后 t + 1 自我网络的变化。我们从能力和显著性的视角来解释我们的研究发现。组织机构依靠它们的合著能力与其他的组织机构形成连结关系，因为组织机构需要依靠它们先前累积的能力来识别新的外来信息及知识的价值，同样也需要依靠它们先前累积的能力在知识创造过程中同化和应用这些信息及知识。因此，在随后的知识创造过程中，具有强合著能力的组织机构能够吸收和利用外部的信息、知识及资源。我们从显著性的视角来看，具有强合著能力的组织机构表现出更高水平的可以被感知的可见性，因而，很可能被其他组织机构搜索到。因此，强合著能力似乎可以为组织机构带来更多的扩张它们自我网络的机会。

组织机构在合作网络中的网络结构特征不仅影响它们的知识创造过程，而且影响它们自我网络的演化过程。因为这些结构特征可能意味着促进或约束网络变化的机会。我们还证实了组织机构在 t 期的网络地位位置是它在随后 t + 1 期自我网络增长与自我网络多样化的促进因素。我们从显著性的视角来解释这些发现。一方面，具有高地位的组织机构能够具有较强的搜索能力；另一方面，某个组织机构的网络地位位置反映了它对其他网络行动者的可见性。因此，具有高地位的组织机构更能吸引其他的行动者。换句话说，网络地位给组织机构带来了增加新的合作伙伴和提高自我网络多样性的机会。

最后，我们的研究还证实组织机构的网络聚集在某种程度上对网络演化产生负向影响，因为网络聚集会影响组织机构获取冗余性或新颖性资源的机会。这种获取会影响组织机构的知识创造过程。稀疏连结的网络往往易于引进新的合作伙伴和增加连结关系分布的多样性，因为这种网络结构中的知识资源通常是新颖的和多样化的。而且，当其他组织机构试图建立新合作关系时，稀疏的网络为组织机构提供了机会，它们可能被包含在合作关系的新探讨中。

# 6.5 结　　论

## 6.5.1 贡献

组织机构间的科学合作网络是复杂的社会结构。这个社会结构随着时间不断地演化和发展，目的在于对参与合作的组织机构的知识资源需求及有限性做出响应。这个社会结构也对组织机构在网络中的位置变化带来的机会和约束做出响应。总的来说，通过将组织机构先前 t 期的网络结构配置（网络地位位置和网络聚集）和合作能力与组织机构随后 t+1 期的自我网络的演化路径（自我网络增长与自我网络多样化）联系起来，我们主要对网络动态和知识创造研究做出了贡献。我们的实证结果证实网络地位、网络聚集和合作能力这三种共存的驱动力是自我网络演化的影响因素。我们从能力、显著性吸引以及获取新颖性或冗余性的知识与资源三个方面解释我们的发现。当组织机构表现出较高的合作能力时，组织机构获得新连结关系并增加网络多样性。此外，优越的网络地位位置的显著性表明能力和显著性在知识创造中的重要性。当组织机构的自我网络是稀疏的或开放的网络结构时，组织机构也获得新的连结关系和改善网络多样性，进一步证实了新颖性的和多样性的知识输入在知识创造中的重要性。

本研究对指导我国在新兴科学领域开展科学研究具有重要的意义。近年来，这个领域的科学研究进步非常显著并表现出良好的发展潜力。因此，通过开发有利的政策环境和提供直接的金融投资和补贴，中国政府应该支持这个领域的基础研究。在这个过程中，这些努力将创造有利的科学环境。此外，纳米能源研究能够促进社会经济的可持续发展和保障能源安全。组织机构间的科学合作研究对纳米能源这个新兴跨学科领域的研究至关重要。因此，通过创造有利的科学合作环境，例如，资助组织机构间的合作项目，中国政府应该鼓励和促进组织机构间的科学合作。

最后，本研究对组织机构的管理者和研究者也提供了一定的见解。为了最优化知识创造过程，组织机构应该合理地配置它们的合作关系。既然组织机构先前的网络配置和合作能力影响它们随后的自我网络增长和自我网络多样化，因此，在知识创造过程中，组织机构不仅应该考虑它们自身的知识资源需求以及潜在合作者的知识资源及需求，而且应该考虑现有合作关系所结成的合作网络结构带来的机会及约束。

## 6.5.2　局限性及未来的研究

　　然而，本章节研究仍然具有自身的局限性。这些局限性为未来研究提供了机会，同时我们在推广本研究的结果时也需要谨慎。首先，我们仅探讨了纳米能源这一个学科领域中的组织机构间的科学合作网络。因此，我们的研究发现具有单一个案研究的局限性。然而，这并不是说本研究设计不能复制到其他领域的研究中。纳米能源是一个新兴的和有前途的跨学科领，其他学科领域中组织机构的自我网络动态的动力机制也应该被探讨，从而进行对比分析，如那些具有与纳米能源领域相似特征的学科领域或者是那些具有完全不同特征的学科领域，如成熟的学科领域。

　　我们探讨了组织机构先前的网络地位位置和网络聚集对随后时期自我网络增长和自我网络多样化的影响，以及合作能力对自我网络增长和自我网络多样化的影响。此外，除了本研究探讨的三种力量外，还可能存在影响自我网络变化的其他因素，其中包括"无偿"的合著关系（Gratuitous Co-author Relationships）。学者通过"无偿"的合著关系能够获得一定的学术影响力和建立学术名声。这种合著关系在国内外的合著研究中都可能存在。首先，不难想象中国复杂的社会关系，特别是科学界复杂的学术圈关系。在中国，与能够帮助你的人培养关系已经成为科学道德的主要挑战。其次，中国的科学家可能通过与外国科学家合作争取在世界顶级期刊上发表论文或获得较高的学术影响力。Ma 和 Guan（2005）的研究已经证实，在分子生物学领域，国际合作确实有助于提高学术研究的国际可见性。因此，网络增长可能部分地反映了"无偿"的合著过程。有人可能认为可以通过实地调查的方法来确定每个作者对他们合著论文的贡献，从而控制"无偿"合著对网络增长的影响。然而，在调查实施过程中，如果简单地询问被调查人对他们合著论文的贡献是多少，这是不大可行的，因为每个合著者可能都倾向于夸大他们的合作研究中的贡献或所付出的努力工作。因而，要确定合著者对合著论文的真正贡献可能需要涉及一些心理学的方法。上述这种"无偿"的合著关系对网络变化的影响，在本章节无法探讨，这超出了本章节的研究范围。因为，本章节所使用的是二手数据。因此，在未来的研究中，可能基于心理学方法的调查或者是仿真模拟的方法来探讨该影响。

组织机构的特征，如知识基础，可能对网络结构特征与自我网络增长和自我网络多样化间的关系具有调节作用。因此，未来研究可以探讨这种交互作用。最后，我们仅探讨了自我网络增长和自我网络多样化的影响因素。然而，组织机构的网络动态也可能影响它们随后的知识创造过程。在未来研究中，我们可以探讨网络动态，如网络增长、网络增强或网络流动性，对组织机构知识创造的影响。

# 第 7 章

# 知识网络与合作网络中的
# 利用性创新及探索性创新*

## 7.1 研 究 问 题

创新是集体的和社会的活动。大量和快速增长的实证研究表明发明者或研究者个体的创新以及较高层面的集体，如团队、组织机构和国家的创新都受到它们的社会关系以及社会关系所构成的社会网络的影响，因为社会关系和社会网络能够使创新者获取、传递、吸收、评估和应用知识和信息，也可能制约创新者的这些知识和信息的活动（Vanhaverbeke et al.，2006；Demirkan and Demirkan，2012；Gonzalez – Brambila et al.，2013）。然而，在现实的创新活动中，个体或较高层面的集体的创新活动不仅嵌入在社会网络中而且嵌入在知识网络中（Yayavaram and Ahuja，2008；Wang et al.，2014）。在创新过程中，知识元素或知识部件彼此结成关联关系，从而导致知识网络的形成，知识网络记录了知识元素在过去创新成果中的组合关系（Yayavaram and Ahuja，2008；Phelps et al.，2012）。因而，全面理解创新绩效的前因，不仅需要研究社会网

---

* 本章节部分研究内容已发表在 Research Policy，2016，45：97 – 112.

络的关键作用，而且需要研究知识网络的关键作用（Wang et al.，2014）。然而，就目前可得的研究文献来看，迄今为止，很少有研究探讨知识网络及其结构对个体或较高层面的集体创新产出的影响，更不用说将知识网络和社会网络整合在一个分析框架中。因此，本研究目的是进一步理解知识网络和社会网络的关系和结构特性以及它们为什么和如何促进或制约组织机构的利用性创新绩效和探索性创新绩效。

社会网络反映了创新型的个体、团队、组织机构或国家之间的社会交互作用，如基于技术的合作网络和基于科学的合著网络（Katila and Ahuja，2002；Zaheer and Soda，2009；Guan et al.，2015）。这些创新者间结成社会关系，如正式或非正式的合作关系，因为它们需要将那些能够有效和高效参与创新过程的创新者拥有的多样化资源、知识、思想和信息集中在一起为己所用（Phelps et al.，2012）。这些社会关系作为社会资本，代表了知识与信息的流通及搜索渠道（Adler and Kwon，2002；Moran，2005；Gonzalez – Brambila et al.，2013）。此外，这些社会关系也代表了一个棱镜，通过这个棱镜，社会行动者可以彼此评估对方以及评估它们所拥有的知识和信息存量（Phelps et al.，2012）。不断有研究探讨社会网络如何促进或约束个体创新者或较高层面的集体创新者的创新产出。以往这些研究主要关注社会网络的关系和结构特征，并且学者在多个产业背景、多个学科领域以及多个研究层次（个体、团队、组织机构和国家）开展了研究分析（Uzzi and Spiro，2005；Karamanos，2012；Gonzalez – Brambila et al.，2013；Guan et al.，2015）。例如，在组织机构层面，社会学家以及战略和组织行为研究者已经探讨了组织机构间的合作网络如何影响组织机构的创新产出。在这些研究中，学者关注的关键问题是组织机构的自我网络应该是稀疏的还是密集的，组织机构是否应该桥架结构洞，或者是组织机构间的连结应该是冗余的还是非冗余的（Coleman，1988；Burt，1992；Adler and Kwon，2002；McFadyen et al.，2009；Rost，2011）。然而，很少有研究关注社会网络嵌入对组织机构不同类型创新绩效的影响，如利用性创新绩效（exploitative innovation）和探索性创新（exploratory innovation）。

　　知识是组织机构获得竞争优势的核心资源之一（Grant，1996；Moorthy and Polley，2010）。许多学者将组织机构的知识基础视为它的知识元素的简单的集合，并且先前的研究主要关注组织机构知识基础的数量特征对创新产出的影响（Ahuja and Katila，2001；Quintana‐García and Benavides‐Velasco，2008；Phelps et al.，2012；Carnabuci and Operti，2013；Boh et al.，2014）。知识规模、知识宽度、知识深度、知识多样化是组织机构知识基础的重要数量特征。已经有实证研究表明组织机构知识基础的规模或宽度对创新产出具有正向影响（Ahuja and Katila，2001；Boh et al.，2014）。此外，也有实证研究发现知识的多样性对组织机构的探索性创新能力的影响比对利用性创新能力的影响强烈（Quintana‐García and Benavides‐Velasco，2008）。而且，还有研究发现知识多样性影响企业的合作网络的整合性与它的组合性利用以及组合性创造之间的关联关系（Carnabuci and Operti，2013）。

　　也有极少量的研究与上述对组织机构的知识基础数量特征的主流关注形成了鲜明的对照。Yayavaram 和 Ahuja（2008）开创性地探索了组织机构的知识基础的结构方面。他们将企业的知识基础视为一个网络，这个网络是由知识元素间的耦合关联关系形成的。知识元素间关联关系记录了知识元素在过去创新成果中的组合或隶属关系，这些关联关系可以作为知识流动和搜索的渠道，并且指引着知识元素未来潜在的组合或重组（Phelps et al.，2012）。Yayavaram 和 Ahuja（2008）对世界范围内的半导体产业开展的研究证实了组织机构的知识结构的分解水平影响它的发明相关的产出。此外，Wang 等（2014）首次将组织机构内部研究者个体间的合作网络和知识网络整合在一个研究框架中，她们的研究发现这两种类型的网络结构特征是不同的，并且这两种网络以不同的机制和不同的方式影响着研究者的探索性创新绩效。

　　除了 Yayavaram 和 Ahuja（2008）与 Wang 等（2014）在知识基础的结构和知识网络方面的开创性研究外，目前还没有其他学者对此问题开展系统性的研究。因此，以往的研究模糊了知识基础的结构方面及知识网络嵌入对创新的作用。与将组织机构的知识元素视为简单的集合相比，知识基础的结构方面还有待进一步开展研究。因此，我们在现有知识网络和社会网络嵌入对创新研究的基础上，探讨新兴纳米能源技术领域的知识网络和该领域组织机构间的基于技术的合作网络的结构特征；本章节的研究目的也在于探讨知识网络和合作网络三种结构特征（直接连结、间接连结、连结的非冗余性）对组织机构的利用性创新和探索性创新的影响。

## 7.2　利用性及探索性创新、网络及其结构

自 March 在 1991 年对组织学习中的利用性和探索性关系的开创性研究以来（March，1991），目前，许多学者已经探讨了利用性创新和探索性创新（Gilsing and Nooteboom，2006；Quintana - García and Benavides - Velasco，2008；Lavie et al.，2010；Wang and Hsu，2014）。利用性创新以增强性的搜索过程为特征，这个过程涉及的活动沿着组织机构现有的知识维度进行（March，1991；Enkel and Gassmann，2010；Lavie et al.，2010）。因此，利用性创新通过改善组织机构现有的方法或材料来实现它们的目标。相比之下，探索性创新以扩展性的搜索过程为特征，组织机构在这个过程中追求那些对它们来说是新的机会领域（March，1991；Gilsing and Nooteboom，2006；Lavie et al.，2010）。因此，探索性创新带来新的方法和材料，这些新的方法和材料源于组织机构的新知识维度（Karamanos，2012；Wang and Hsu，2014）。一般来说，利用性创新加深组织机构核心的知识基础，而探索性创新扩展组织机构现有的知识基础。在本章节技术发明的研究背景下，利用性创新和探索性创新具有特定的内涵：对于一个特定的组织机构来说，利用性创新意味着创造对该组织机构来说熟悉的技术发明，而探索性创新意味着创造新颖性的技术发明（Vanhaverbeke et al.，2006）。

对于利用性创新和探索性创新来说，基于技术的合作网络起着重要的作用（Vanhaverbeke et al.，2006）。组织机构通过嵌入在这种类型的

网络中，它们能够获得社会资本。社会资本能够使组织机构在创新过程中获取、搜索、传递和应用合作网络中的其他行动者拥有的相关知识和信息，并且社会资本也可能制约组织机构的这种活动（Vanhaverbeke et al.，2006；Bierly et al.，2009）。根据研究者在发明者个体层面开展的研究工作，组织机构内部发明者的知识基础结构意味着知识元素的组合性的机会、潜力和约束，这些组合性的机会、潜力和约束源自于知识元素之间的交互作用（Yayavaram and Ahuja，2008；Wang et al.，2014）。因为创新建立在现有的知识基础之上，创新以现有知识元素的组合和重组过程为特征（Schumpeter，1934；Fleming，2001）。即使我们不能排除一些思想和发明，它们几乎不建立在已有的思想或发明基础之上（Podolny and Stuart，1995；Arthur，2009）。

在本章节的研究中，合作网络强调基于社会搜索的重要性（Social-based Search），而知识网络强调基于知识搜索的重要性（Knowledge-based Search）。网络关系和结构的三个方面可能与它们对组织机构的利用性创新和探索性创新的机会和约束存在联系：

（1）第一个方面是合作网络中组织机构所维持的直接连结数（Ties，也就是组织机构的直接合作伙伴的数量），以及组织机构的知识元素在知识网络中所维持的直接连结数（也就是与知识元素发生直接组合关系的知识元素数）。在某个给定的网络中，某个网络节点（Nodes）的直接连结数是与该节点发生直接连结关系的行动者（Actors）数量，也就是该节点的自我网络（Ego-network）规模的大小（Ahuja，2000；Gonzalez – Brambila et al.，2013）。

（2）第二个方面是焦点组织机构在合作网络中所维持的间接连结（Indirect Ties）的数量，也就是焦点组织机构通过它的直接合作伙伴以及它的合作伙伴的伙伴所能达到的节点数量。同样，我们也关注焦点组织机构的知识元素在知识网络中所维持的间接连结的数量。知识网络中的间接连结与合作网络中的间接连结具有类似的内涵。在某个给定的网络中，一个节点的间接连结反映了该节点在该网络中的可达性，间接连结数越多，节点的可达性就越强（Bian，1997；Ahuja，2000）。

（3）第三个方面是焦点组织机构的直接合作伙伴在何种程度上彼此连结，也就是说它们在何种程度上彼此也是直接的合作伙伴，这反映了连结的非冗余性（Non-redundancy Among Ties）程度。我们采用网络效率（Network Efficiency）来测度连结的非冗余性，某个组织机构的网络效率可操作化为该组织机构的自我网络中非冗余连结与总连结的比率（Burt，1992；Barabási and Albert，1999；Ahuja，2000）。该网络指标能够捕获焦点组织机构的自我网络中是否存在结构洞（Burt，1992）。同样，我们也关注知识网络中知识元素之间连结的非冗余性，用来捕获知识元素的结构洞位置。

# 7.3 研究假设

## 7.3.1 网络中的直接连结与利用性/探索性创新

### 1. 知识网络中的直接连接

在知识网络中，某个知识元素的直接连结是它在过去的技术发明中与其他知识元素发生的直接组合关系，这反映了该知识元素与其他知识元素的组合性潜力（Wang et al.，2014）。其他知识元素包括了与它未发生组合关系的新知识元素以及过去已经与它发生组合关系的旧知识元素。因此，某个组织机构的知识元素在知识网络中的直接连结数可能与该组织机构的利用性创新和探索性创新存在联系。

Wang 等（2014）的研究认为某个知识元素的组合性潜力受到以下三个方面的影响。（1）该知识元素与其他知识元素主题的自然相关性（Quatraro，2010）。当组织机构搜寻组合机会时，它们很可能通过自己已经拥有的现有知识元素搜索主题相关的知识元素（Katila and Ahuja，2002）。（2）某个知识元素的组合性潜力是社会建构的，也就是说，它建立在发明者对该知识元素与其他知识元素组合的可行性以及愿望、信念强度的基础之上（Kuhn，2012）。发明者组合某个知识元素的愿望及信念越强，就可能有越多的资源被分配用来搜寻该知识元素的组合性机会。（3）发明者对某个知识元素过去的组合性经历的充分理解将可能增加该知识元素未来的组合性潜力（Boh et al.，2014）。因为当为熟悉的知识元素搜寻组合性机会时，很容易形成惯例、标准和模式，从而提高发明的效率（Levitt and March，1988）。某个知识元素的直接连结数或许可以特征化为以上三个方面的综合反映（Wang et al.，2014）。

因此，当某个组织机构的知识元素的直接连结数过少时，这个组织机构倾向于拥有较少的组合性潜力。在这种情况下，组织机构需要花费巨大的努力和昂贵的学习成本来为它的知识元素探索组合性机会，其中包括了组织机构还没拥有的新知识元素和已经拥有的旧知识元素。此外，较少的直接连结可能会降低知识元素组合成功的可能性，因而降低创新绩效。然而，当某个组织机构的知识元素的直接连结数过多时，它的组合性潜力也可能低，因为任何知识元素的组合性潜力应该具有最高上限，在该上限点，组合性的潜力已经被耗尽（Wang et al.，2014）。当一个知识元素最终达到它的上限点时，它与其他知识元素的进一步组合将不再富有成效。因此，过多的直接连结数也可能对创新绩效产生不利的影响。

根据上面的讨论，我们提出以下两个研究假设：

假设1a：某个组织机构的知识元素在知识网络中的直接连结数对它的利用性创新产生倒 U 型的影响。

假设1b：某个组织机构的知识元素在知识网络中的直接连结数对它的探索性创新产生倒 U 型的影响。

**2. 合作网络中的直接连接**

已有研究发现，与直接合作伙伴的技术合作具有提供信息的优势（Ahuja，2000；Vanhaverbeke et al.，2006；Gonzalez – Brambila et al.，2013；Wang et al.，2014）。Wang 等（2014）给出了个体发明者可以通过合作研究获取的三种主要类型的信息：（1）关于知识在发明者之间的分布的信息；（2）关于最新发展和研究趋势的信息；（3）关于发明者以及发明者间的交互作用的信息。此外，与直接合作伙伴的技术合作也可能导致创新过程中成本和风险的下降（Ahuja，2000；Vanhaverbeke et al.，2006）。一方面，在理论上讲，创新产出对所有参与合作创新的伙伴来说都是可得的（Wang et al.，2014）。另一方面，与直接伙伴的技术合作促进被其他组织机构拥有的互补性技巧和知识的应用（Vanha-verbeke et al.，2006）。因此，与独立的创新活动相比，在合作创新活动中，每个合作伙伴能够潜在地获得更多的创新绩效。

然而，与直接伙伴的技术合作也可能构成威胁（Vanhaverbeke et al.，2006；Demirkan et al.，2013）。合作意味着共同努力攻克创新过程中的挑战，在这个过程中，合作伙伴共享和交换私有的信息、知识及资源（Demirkan and Demirkan，2012）。因此，合作很可能引起搭便车的行为以及意想不到的溢出风险（Wu，2008），并且这些合作不利的方面具有随着合作伙伴数量的增长具有增长的倾向。而且，任何个体或组织机构都具有一定的承载力，当组织机构的直接合作伙伴数超过某个特定值时，组织机构可能遭受信息过载和规模不经济的现象（Gulati et al.，2012）。在这种情况下，组织机构需要花费更多的时间和精力来监视和管理它们的合作关系。

根据以上论述，我们提出以下两个研究假设：

假设2a：某个组织机构在合作网络中的直接连结数对它的利用性创新产生倒 U 型的影响。

假设2b：某个组织机构在合作网络中的直接连结数对它的探索性创新产生倒 U 型的影响。

## 7.3.2 网络中的间接连结与利用性/探索性创新

### 1. 知识网络中的间接连接

某个知识元素的间接连结指的是该知识元素通过它直接连结的知识

元素以及通过它直接连结的知识元素所连结的知识元素能到达的其他知识元素。一般来说，一个知识元素的间接连结数越多，通过该知识元素能够搜索到的其他知识元素就越多。一方面，知识元素的间接连结可能传递大量的组合性机会，不管是与组织机构现有的知识元素组合还是与组织机构所不具备的新知识元素组合，因为知识元素的连结关系记录了过去发明中知识耦合的内容和经历（Fleming，2001；Yayavaram and Ahuja，2008；Carnabuci and Bruggeman，2009）。搜索和理解先有的组合可能促进新的组合或者是进一步的重组；另一方面，通过搜索间接连结，大量多样化的思想和惯例彼此得以交互作用。这些碰撞可能产生新的思想。

据此，我们提出以下两个研究假设：

假设 3a：某个组织机构的知识元素在知识网络中的间接连结数促进它的利用性创新。

假设 3b：某个组织机构的知识元素在知识网络中的间接连结数促进它的探索性创新。

### 2. 合作网络中的间接连接

合作连结关系也可以作为某个组织机构与它的间接合作伙伴间信息传递的渠道（Ahuja，2000；Vanhaverbeke et al.，2006；Karamanos，2012）。某个组织机构的间接合作伙伴指的是该组织机构通过它的直接合作伙伴以及它的直接合作伙伴的伙伴所能到达的伙伴。因此，在合作网络中，组织机构不仅可以通过它的直接伙伴获取信息而且也可以通过它的间接伙伴获取信息。然而，组织机构通过间接合作伙伴获取的信息可能在它的传递过程中被扭曲（Vanhaverbeke and Beerkens et al.，2006）。因此，某些真实的信息可能永远不会到达焦点组织机构，因为行动者具有曲解或误解它们获得的信息的倾向（Hansen，2002）。检测和消除噪声信息的成本是昂贵的（Kogut and Zander，1993）。此外，信息也可能反方向传播，也就是，从焦点组织机构向它的间接伙伴传播（Gulati and Gargiulo，1999）。这种反方向的扩散可能造成意想不到的溢出（Vanhaverbeke et al.，2006）。然而，对这种溢出进行监控或实施制裁又是极其困难的。

据此，我们提出以下两个研究假设：

假设4a：某个组织机构在合作网络中的间接连结数抑制它的利用性创新。

假设4b：某个组织机构在合作网络中的间接连结数抑制它的探索性创新。

### 7.3.3 网络中连结的非冗余性与利用性/探索性创新

#### 1. 知识网络中连结的非冗余性

接下来，我们探讨组织机构的知识元素在知识网络中连结的非冗余性对它的利用性创新和探索性创新的影响。如果某知识元素在先前的发明中与其他知识元素组合，而这些被组合的知识元素本身彼此不存在连结关系，那么该知识元素的自我中心网络是非冗余的结构或稀疏的结构（Carnabuci and Bruggeman，2009；Wang et al.，2014）。这种情况下，对方（Alters）之间的冗余性最小（Burt，1992，2004）。如果一个组织机构的知识元素拥有许多非冗余的网络结构，那么该组织机构在探索新思想时受到的约束就越少，因为它很少受到知识惯性的影响，惯性是冗余的网络结构中常见现象（Gargiulo and Benassi，2000；Cheon and Choi et al.，2014）。在这里，惯性意味着一种趋势，在这种趋势下，因为冗余的网络结构，替代和变化是被动的（Kim et al.，2006；Cheon et al.，2014）。因此，冗余的知识网络结构可能对探索新的思想具有负向的影响。

我们给出以下几个方面的原因。第一，组织机构更愿意在它的知识元素的自我网络的附近执行局部搜索。然而，在冗余的网络结构中，组织机构易受到局部搜索的惯性趋势的影响。第二，探索新思想需要花费一定的成本，这包括了搜索成本、学习成本和机会成本（Wang et al.，2014）。鉴于这些成本，当一个组织机构锁定在冗余的知识网络结构中时，它可能不愿投资时间和金钱探索新知识和思想，而是进一步精练和重组现有的知识元素。第三，探索新思想充满了不可预知性、不确定性和偶然性（March，1991；Wang et al.，2014）。这种不可预知性、不确定性及偶然性增强了组织机构的惯性行为（Benner and Tushman，2003）。冗余的知识连结传递了大量知识元素先前耦合的内容和经历，这有助于组织机构将来理解、同化和应用这些知识元素。因此，在冗余的知识网络机构中，组织机构可能更愿意追求利用现有的知识元素而不是探索新知识元素。

据此，我们提出以下两个研究假设：

假设5a：组织机构的知识元素在知识网络中连结的非冗余性抑制它的利用性创新。

假设5b：组织机构的知识元素在知识网络中连结的非冗余性促进它的探索性创新。

## 2. 合作网络中连结的非冗余性

当某个组织机构的直接合作伙伴彼此不连结时，它的合作伙伴就形成了非冗余的网络结构，在这种情况下，它的合作伙伴之间连结的冗余性最小（Burt，1992，2004）。在非冗余的自我网络结构中，组织机构能够获取大量新的信息和思想（Burt，2004），如最新的发展和研究趋势，知识和技巧在组织机构间的分布状况，以及合作伙伴和它们之间交互作用的特征（Wang et al.，2014）。新颖性是组织机构通过彼此不连结的伙伴获得信息的显著性特征（Burt，1992）。因此，如果一个组织机构的自我网络富有非冗余的连结，那么它能够及时地捕获新涌现的机会和威胁并且它能够迅速地了解可能的新伙伴。这些能力可能对它的利用性创新和探索性创新都是有利的。此外，如果一个组织机构的自我网络富有非冗余的连结的话，那么它可能在创新活动中受益于结构自治（Burt，1992，2004）。因此，它能够避免合作伙伴间的交互作用所造成的限制（Cheon et al.，2014），如领导者的舆论以及流行的认知方案等，它们在冗余的网络结构中很可能发生（Vanhaverbeke et al.，2006；Karamanos，2012）。

据此，我们提出以下两个研究假设：

假设6a：某个组织机构在合作网络中连结的非冗余性促进它的利用性创新。

假设6b：某个组织机构在合作网络中连结的非冗余性促进它的探索性创新。

# 7.4  数据、变量及方法

## 7.4.1  数据获取

我们在新兴纳米能源技术领域的背景下检验上述研究假设。纳米能源起源于纳米技术在能源领域的应用。我们选择将该技术领域作为研究背景是因为该领域具有高度的动态性并且以多学科和多技术领域的高度交互作用为特征（Menéndez – Manjón et al. , 2011；Guan and Liu, 2014，2015）。因此，在该技术领域，我们可以观测到大量的知识存量以及大量的利用性创新和探索性创新事件。我们的因变量和主要的自变量主要是根据纳米能源专利数据计算得到。虽然，基于专利的指标具有一定的局限性，但是大量研究表明基于专利的指标是创新活动的有效代理指标（Griliches, 1990；Kleinknecht and Reinders, 2012；Belenzon and Patacconi, 2013）。此外，本研究所有的探讨都仅限于一个单独的技术领域——纳米能源领域。因此，不同产业间专利偏好的不同在本研究中不是问题。在跨产业的研究中，如果使用基于专利的指标，通常需要考虑不同产业组织机构的专利偏好（Mansfield, 1986）。

我们从频繁被研究者采用的德温特专利数据库中提取纳米能源专利数据。选择该专利数据库作为数据来源是因为它是世界上最全面的专利数据库之一，涵盖了世界上100多个国家40多个专利局的发布的专利信息，其中包括了美国专利局（USPTO）、欧洲专利局（EPO）、日本专利局（JPO）和中国专利局（SIPO）等。因此，从德温特专利数据库提取的纳米能源专利数据能够反映纳米能源领域全球技术的发展状况。此外，德温特专利数据库为每个专利提供了详细的描述性的题目和摘要。这些描述性的题目和摘要是由来自于各个领域的技术专家使用通俗、简洁的英文语言重写的，这一点非常有助于我们识别专利是否属于我们关注的纳米能源领域。

在本章中，我们使用第 3 章 3.3 节定义的纳米能源专利检索词和检索方法来检索纳米能源领域的专利。我们于 2014 年 5 月执行了纳米能源专利的检索过程。为了从检索结果中剔除非纳米能源专利，我们仔细的检查每个专利的首页。经过数据清洗过程，我们最终识别了 1991 ~ 2013 年的 40502 个纳米能源专利，其中有 36521 个专利的专利权人包含企业、大学或研究院所。图 7 - 1 展示了每年授予的纳米能源专利数的动态演变过程。正如该图所示，在整个 20 世纪 90 年代，每年授予的纳米能源专利数量都非常少，但是自 2000 年起，每年授予的纳米能源专利数量开始表现出显著的增长。因此，本章节的研究仅仅基于最近 14 年（2000 ~ 2013）的纳米能源专利数据，除非另有说明。

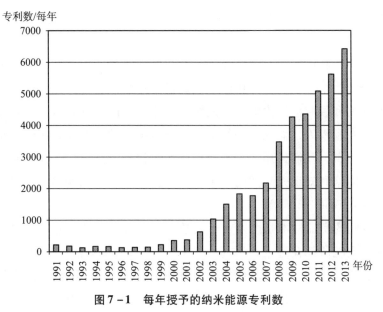

图 7 - 1　每年授予的纳米能源专利数

## 7.4.2 知识表征及网络构建

专利中的技术代码被认为是知识元素或知识部件的有效代理（Carnabuci and Bruggeman，2009；Carnabuci and Operti，2013；Dibiaggio et al.，2014；vom Stein et al.，2014；Guan and Liu，2015）。这些技术代码包括由世界知识产权局所定义的国际专利分类码（International Patent Classification Codes，IPC）以及美国专利和商标局所定义的美国专利分类体系。考虑到数据的可得性，我们将 IPC 代码作为知识元素的代理指标。采用一个分层结构，IPC 分类系统将任何一个专利的技术代码划分成部（Section）、大类（Class）、小类（Subclass）、主组（Main Group）与分组（Subgroup）五级。然而，许多研究利用 4 位的 IPC 代码（4 – digit IPC Codes）来表征知识元素，其中包括了部、大类和小类（Park and Yoon，2014；Guan and Liu，2015）。这主要是因为 4 位的 IPC 代码实际上能够充分表达一个专利的技术或知识特征（Guan and Liu，2015）。根据常见的做法，本研究也利用 4 位的 IPC 代码表征纳米能源领域的知识元素。当我们提取并删除重复的 4 位 IPC 代码后，每项专利都能够被分类到一个或多个 4 位的 IPC 代码。

一项专利可能涉及一个或多个组织机构类型的专利权人，并且涉及一个或多个 4 位的 IPC 代码。我们根据这些信息来构建基于技术的合作网络和领域范围内的知识网络。合作网络的构建是根据每项专利共同的专利权人，而知识网络的构建是根据每项专利 4 位 IPC 代码的共应用信息。我们采用通常被使用的 5 年移动时间窗构建组织机构间的合作网络和知识元素间的知识网络。这两种类型的网络构建都借助软件 Sci$^2$ Tool。

我们的实证样本是由企业、大学和研究院所组成。这些企业、大学和研究院所都在过去 5 年（t – 5 ~ t – 1）以及随后的观测年（t）都被至少授予了 1 个纳米能源专利。根据这个标准，我们最终识别了 2000 ~ 2013 年的 919 个创新型的组织机构和 5107 个观测样本。这些组织机构分别位于北美洲、欧洲和亚洲。我们的实证样本是非平衡的面板数据。

## 7.4.3　变量定义

### 1. 因变量

尽管存在一些明显的局限性，但基于专利的测度被研究者广泛用来作为创新产出的代理指标（Schmookler，1966；Griliches，1990；Archibugi，1992）。在本研究中，利用性创新和探索性创新这两个因变量也分别基于每个组织机构的利用性专利和探索性专利开发。基于专利数据开发创新产出指标时面临的一个重要问题是专利价值呈现高度的偏态分布，并且绝大多数专利位于价值分布的尾部（Gambardella et al.，2008；Gittelman，2008；MingJi and Ping，2014）。因此，前向引用（Trajtenberg，1990）、专利家族的大小（Putnam，1996）、更新年（Schankerman and Pakes，1986）以及专利申请的权利要求数（Tong and Frame，1994）加权的专利计数通常被研究者使用并被证实是专利价值良好的测度指标。为了克服简单的专利计数的局限性，考虑到数据的可得性，我们效仿 Guan 和 Zhao（2013）的做法，使用专利家族大小作为专利价值的判别标准。专利家族大小可以被定义为一个发明在多个行政管辖区申请保护的行政区的数量（Putnam，1996）。已有研究证实专利家族的大小与专利的价值显著相关，尤其是专利的经济价值（Harhoff et al.，2003；Fischer and Leidinger，2014）。将同一个发明在多个专利局申请保护涉及额外的成本，如专利代理、审查和翻译费用（Putnam，1996；Fischer and Leidinger，2014）。如果申请人选择扩大某个发明的保护范围，那么从专利保护获得的收益应该超过专利保护的额外成本。因此，在本研究中，我们选择使用两个可供选择的操作来增加本研究的稳健性：加权的专利计数（每个利用性专利和探索性专利使用它们的专利家族的大小来加权）和简单的专利计数（利用性专利和探索性专利的数量)。在本研究中,专利家族的大小通过某项给定的专利发明的被保护的专利当局数量来衡量(Guan and Zhao, 2013; Squicciarini et al., 2013)。

为了计算因变量,我们首先将每个焦点组织机构在观测年 t 的纳米能源专利划分成利用性专利和探索性专利。利用性专利和探索性专利的划分是基于用来实例化每个专利的技术代码。为了实现该目标,我们效仿 Vanhaverbeke 等(2006)和 Gilsing 等(2008)的做法,即确定每个焦点组织机构的哪些技术代码在观察年 t 是利用性的,哪些技术代码在观测年 t 是探索性的。因此,我们首先分别计算每个焦点组织机构在过去 5 年(t-5~t-1)和随后的观测年 t 的技术概貌。接下来,我们将每个焦点组织机构在这两个时期(t-5~t-1 与 t)内的技术概貌进行匹配以识别利用性技术类和探索性技术类。该识别过程通过 Excel 相关函数能够实现。每个焦点组织机构的技术概貌通过将它的所有技术代码聚集得到。对于某个特定的组织机构来说,如果某个技术代码过去 5 年(t-5~t-1)以及随后的观测年 t 都出现在该组织机构的技术概貌中,那么该技术代码可以被标识为利用性的技术代码(Vanhaverbeke et al., 2006; Gilsing et al., 2008)。相比之下,如果某个技术代码在观测年 t 出现在该组织机构的技术概貌中,但是在过去 5 年(t-5~t-1)的技术概貌中并未出现,那么该技术代码可以被视为该组织机构的探索性技术代码(Vanhaverbeke et al., 2006; Gilsing et al., 2008)。根据该组织机构利用性和探索性技术代码的划分,如果被用来实例化某一纳米能源专利的所有技术代码都是利用性的技术代码,那么该纳米能源专利可以被视为该组织机构的利用性专利;同样,如果用来实例化某一专利的技术代码中至少包含一个探索性的技术代码,那么该专利可以被视为该组织机构的探索性专利。

根据上面的讨论,某个焦点组织机构在观测年 t 的利用性创新绩效可以通过以下的公式计算得到:

$$\text{Exploitative Innovation} = \sum_{i=1}^{m} S_i \qquad (7.1)$$

式中，m 是在观测年 t 该组织机构的利用性创新的专利数量，$S_i$ 是专利 i 的家族大小。

同样，某个焦点组织机构在观测年 t 的探索性创新绩效可以通过以下公式计算得到：

$$\text{Exploratory Innovation} = \sum_{j=1}^{n} S_j \qquad (7.2)$$

式中，n 是该组织机构在观测年 t 被授予的探索性的专利数量，$S_j$ 是专利 j 的家族大小。

**2. 自变量**

本研究中的自变量分别包括合作网络和知识网络中的直接连结数、间接连结数以及连结的非冗余性。我们借助软件 UCINET 6.516 计算这些变量。一个组织机构通常拥有多个知识元素。因此，为了计算出有关某个组织机构的知识元素在知识网络中的自变量，我们根据 Wang 等（2014）的做法，对该组织机构在知识网络中的所有知识元素的得分求平均值。

（1）平均知识直接连结数。

该变量表明某个组织机构的知识元素在知识网络中的直接连结的平均数。它的计算需要通过以下三步。第一，我们计算得到每个知识元素在知识网络中直接连结的知识元素数量有多少，也就是每个知识元素自我网络规模的大小。第二，通过将每个焦点组织机构在过去 5 年（t-5 ~ t-1）的知识元素聚集分别得到它们的知识集合。第三，我们对每个组织机构的所有知识元素的直接连结数求平均值，即可得到每个组织机构的知识元素平均直接连结。为了检验该变量对利用性创新和探索性创新绩效的倒 U 型关系，我们在进行回归时也引入它的平方项。

（2）平均知识间接连结数。

该变量表明组织机构的知识元素在知识网络中能够在何种程度上间接地连结到其他知识元素。我们将该变量操作化为每个组织机构所有知识元素的间接连结数的平均值。某个知识元素的间接连结数定义为它距离加权的中心性，也就是，对它的 k 步的间接连结数附上一个形式为 $\frac{1}{k}$ 递减的权重（Borgatti，2003）。某个知识元素的间接连结数可以通过以下的公式计算得到：

$$\text{Indirect ties} = \sum_{k=2}^{m} \frac{N_k}{k} \qquad (7.3)$$

式中，k 表示某个焦点知识元素通过 k 步的距离可以间接地到达其他知识元素，也就是到达其他知识元素需要经过的路径距离，m 指的是该焦点知识元素能够到达距离最远的知识元素所需经过的最大步长，$N_k$ 表达该焦点知识元素经过 k 步的距离能够到达的连结总数。

（3）平均知识网络效率。

该变量的值可以通过对每个组织机构所有知识元素的网络效率得分求平均值计算得到。我们选择将网络效率作为连结的非冗余性测度指标（Burt，1992；Ahuja，2000）。某个知识元素在知识网络中的网络效率表明与该知识元素发生直接连结关系的其他知识元素在何种程度上彼此不连结（Burt，1992；Ahuja，2000）。网络效率的计算可以通过将某个知识元素的自我网络的有效规模除以它的实际规模得到。知识元素 i 在知识网络中的网络效率可以通过以下公式计算得到：

$$\text{Network Efficiency} = \frac{\sum_j \left(1 - \sum_q p_{iq} p_{jq}\right)}{C_i}, \quad q \neq i, j \qquad (7.4)$$

式中，$p_{iq}$ 表示知识元素 i 与知识元素 q 发生连结关系的频次占知识元素 i 所有连结关系频次的比例，$p_{jq}$ 具有类似的含义，$p_{iq} p_{jq}$ 表明知识元素 i 与知识元素 j 之间连结的冗余性，整个分子部分指的是知识元素 i 自我网络有效规模的大小，$C_i$ 表示知识元素 i 的总直接连结数，也就是它自我网络的实际规模大小。知识元素 i 网络效率的较高得分反映该知识元素的自我网络富有结构洞（Burt，1992）。也就是说，与知识元素 i 发生直接连结关系的其他知识元素彼此不连结。如果没有任何冗余的连结存在，那么网络效率的得分为 1。图 7-2 给出了简单网络的网络效率计算示意图。

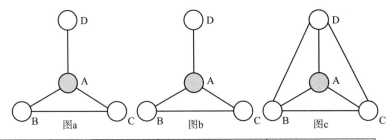

| 节点A | 图a | 图b | 图c |
|---|---|---|---|
| 有效规模 | 3 | 2.333 | 1 |
| 实际规模 | 3 | 3 | 3 |
| 效率 | 1 | 0.778 | 0.333 |

**图7-2　网络效率示意图**

（4）合作网络中的直接连结。

该变量定义为某个焦点组织机构在合作网络中的直接连结伙伴数，也就是它的自我网络规模的大小。为了检验该变量对利用性创新和探索性创新绩效的倒 U 型关系，我们在进行回归时也引入它的平方项。

（5）合作网络中的间接连结。

该变量定义为某个焦点组织机构在合作网络中通过它的直接合作伙伴以及直接伙伴的伙伴所能够间接到达的伙伴数。我们也使用公式（7.3）来计算某个焦点组织机构在合作网络中的间接连结数，其中，k 是该组织机构在合作网络中通过几步远的距离可以到达其他组织机构，m 是该组织机构在合作网络中能够到达最远的组织机构所需要经过的最大步长距离，$N_k$ 是该组织机构经过 k 步远的距离所能够到达的其他伙伴的数量。

（6）合作网络效率。

我们也选用网络效率作为组织机构在合作网络中连结非冗余性的测度指标。该变量也可以通过公式（7.4）计算得到，其中，$p_{iq}$ 是组织机构 i 投资在组织机构 q 的合作关系的频次占组织机构 i 所有合作关系频次的比率，$p_{jq}$ 具有类似的含义，$C_i$ 是组织机构 i 的直接合作伙伴的数量，也就是它的自我网络规模的大小。如果组织机构 i 的网络效率得分较高，则表明该组织机构在合作网络中占据了结构洞的位置（Burt，1992）。如果组织机构 i 的所有直接合作伙伴都彼此不连结，则它的网络效率的得分为 1，表明组织机构 i 的直接合作伙伴之间的连结冗余性最小。

### 3. 控制变量

在本章节研究中，虽然我们关注知识网络和合作网络嵌入对组织机构利用性创新和探索性创新绩效的影响，不排除其他因素影响组织机构的利用性创新和探索性创新绩效。因此，我们引入额外的控制变量，也就是哑变量、研发强度以及利用性和探索性学习能力。

（1）哑变量。

先有研究已经表明位于不同国家的组织机构申请专利的偏好不同（Archibugi，1992；Arundel and Kabla，1998）。因此，我们引入哑变量来控制不同国家的组织机构专利偏好的变化。我们样本中的组织机构分别位于北美洲、欧洲或亚洲，因此，我们引入两个哑变量。哑变量的默认值是北美洲。

不同类型的组织机构也可能具有不同的申请专利的偏好。因此，我们也引入哑变量来表明某个组织机构是大学、研究院所还是企业，其中默认值是企业。

最后，我们引入年度哑变量来控制专利偏好随时间的变化。

（2）研发强度。

我们不能获得绝大多组织机构的研发支出，尤其是在单一的纳米能源技术领域。为了确保我们的研究结果的稳健性，我们根据常见的做法，将组织机构在过去 4 年中的专利存量作为它研发强度的代理指标（Schilling and Phelps，2007；Gonzalez - Brambila et al.，2013；Guan and Zhao，2013）。已经有研究表明专利存量与每年的研发支出存在高度的相关性（Schilling and Phelps，2007）。

（3）利用性和探索性学习能力。

利用性创新和探索性创新不是孤立的事件，它们可能彼此相关并在某种程度上建立在彼此的基础之上，不管是正向还是负向的影响（Gup-ta et al.，2006；Vanhaverbeke et al.，2006）。为了控制这种可能的影响，我们将组织机构在观测年 t - 1 的利用性专利和探索性专利的数量分别作为它利用性和探索性学习能力的代理指标。

如上所述，我们将本章节中的变量定义总结在表7 - 1 中。

表7 - 1　　　　　　　　　　　　　　变量的定义

| 变量名称 | 变量描述 |
|---|---|
| 因变量 | |
| 利用性创新 | 焦点组织机构在给定的观测年 t 被授予的利用性专利数，使用专利家族大小进行加权。如果被用来实例化某个专利的所有技术代码在过去五年中都已经被用来实例化该组织机构的专利，则该专利为该组织机构的利用性专利。 |
| 探索性创新 | 焦点组织机构在给定的观测年 t 被授予的探索性专利数，使用专利家族大小进行加权。如果被用来实例化某个专利的所有技术代码中至少有一个技术代码在过去五年中未被用来实例化该组织机构的专利，则该专利为该组织机构的探索性专利。 |
| 自变量 | |
| 平均知识直接连结 | 焦点组织机构的知识元素在知识网络中直接连结的知识元素数量的平均值（标准化变量）。 |
| 平均知识间接连结 | 距离加权中心性的平均值：焦点组织机构的知识元素在知识网络中间接连结的知识元素数量的平均值，使用递减步长距离进行加权（标准化变量）。 |
| 平均知识网络效率 | 焦点组织机构的知识元素在知识网络中连结的非冗余性的平均值。 |
| 合作网络中的直接连结 | 焦点组织机构在合作网络中直接合作伙伴的数量（标准化变量）。 |
| 合作网络中的间接连结 | 焦点组织机构在合作网络间接连结伙伴的数量，使用递减步长距离进行加权（标准化标量）。 |
| 合作网络效率 | 焦点组织机构自我网络连结的非冗余性，通过网络效率测度，网络效率定义为组织机构自我网络有效规模除以它的实际规模。 |
| 控制变量 | |
| 亚洲 | 哑变量设定为1，如果焦点组织机构位于亚洲（北美洲是默认值）。 |
| 欧洲 | 哑变量设定为1，如果焦点组织机构位于欧洲（北美洲是默认值）。 |

| 变量名称 | 变量描述 |
|---|---|
| 控制变量 | |
| 大学 | 哑变量设定为1，如果焦点组织机构是大学（企业是默认值）。 |
| 研究院所 | 哑变量设定为1，如果焦点组织机构是研究院所（企业是默认值）。 |
| 年 | 哑变量被用来表示具体的年份（2005~2013，2013年是默认值）。 |
| 研发强度 | 焦点组织机构在给定观测年t的前四年被授予的专利存量。 |
| 利用性学习能力 | 焦点组织机构在t−1年被授予的利用性专利数。 |
| 探索性学习能力 | 焦点组织机构在t−1年被授予的探索性专利数。 |

## 7.4.4 模型设定

我们的两个因变量利用性创新与探索性创新都是计数型变量，并且都只取非负值。因此，我们应该采取泊松模型或负二项模型。对于我们样本的混合截面数据，两个因变量相对于它们各自的均值都呈现出高度的变异，因此，我们选择使用负二项回归模型来纠正过度的变异（Barnett，1997）。此外，我们还面临着是选择使用标准的负二项回归模型还是选择使用零膨胀的负二项回归模型。零膨胀的负二项模型能够对数据中广泛存在的零产出做出解释（Greene，1994）。我们的两个因变量分别大约有40%、16%的数据量等于0。为了确定是选择标准的负二项回归模型还是零膨胀的负二项模型，我们进行了Vuong检验，检验的结果并不能表明这两个模型哪一个更好，因为Vuong值$|V| < 1.96$（Vuong，1989）。除此之外，在STATA 12.0中，面板数据的选项对零膨胀的负二项模型没有提供。综上考虑，在本章节的研究中，我们首先报告了标准负二项模型的估计结果，该估计考虑了数据的组织结构。接下来，我们利用零膨胀负二项模型来检验我们使用标准负二项回归模型估计结果的稳健性。零膨胀负二项估计不考虑数据的组织结构。我们的数据是短面板数据，因为我们只有9个时间单位，但是我们有大量的截面（N=919），因此，对于标准的负

二项模型,我们选择探讨随机效应,因为固定效应对短期的面板产生有偏估计(Greene,2008;Hsiao,1986)。

# 7.5  研 究 结 果

## 7.5.1  知识网络及合作网络的特征

在创新过程中,组织机构间技术知识交换和信息扩散的模式反映了它们之间的合作连结关系。特别地,组织机构之间合作网络的一个方面直接影响它们之间的知识交换和信息扩散,那就是网络结构的整合性(Carnabuci and Operti,2013)。某个网络结构的整合性意味着该网络在何种程度上由一个相互连通的分图构成,这样的网络结构为网络中的节点彼此可达提供了更多的机会(Carnabuci and Operti,2013)。同样地,知识元素之间的关联或组合模式反映了知识元素之间的知识连结关系。类似地,知识网络的关联整合性影响未来的知识组合或创造(Yaya-varam and Ahuja,2008)。

我们的研究结果表明:在纳米能源技术领域,组织机构间的合作网络和领域范围内的知识网络的整合程度不同。图 7 - 3(a)与图 7 - 3(b)举例说明了合作网络和知识网络的整合性。组织机构间的合作网络以低度的合作整合性为特征。这种类型的网络被分裂成许多个相互不连通的分图,导致组织机构之间较少的知识交换、信息扩散和共同努力的问题解决机会。相反地,我们发现领域范围内的知识网络以高度的关联整合性为特征。在知识网络中,知识元素之间在很大程度上直接或间接的连结在一起。因此,知识网络为组织机构通过不断地知识搜索提供了大量知识发现和重新定义组织任务的机会。

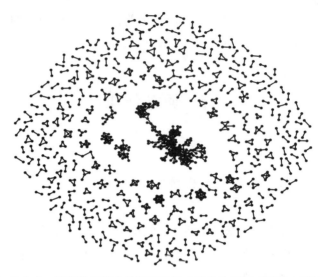

图7-3（a） 具有低度整合性的基于技术的合作网络（2000~2004年）

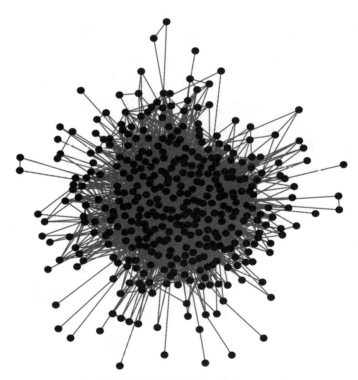

图7-3（b） 具有高度关联整合性的领域范围内的知识网络（2000~2004年）

此外，我们的研究结果表明组织机构间的合作网络和领域范围内的知识网络不是同构的，也就是说，它们是彼此分离的。换句话说，在相同的时间内，某个组织机构在合作网络中的位置并不一定相当于该组织机构的知识元素在知识网络中的位置。该发现与 Wang 等（2014）的研究发现相同。Wang 等（2014）研究了美国一个领导性的半导体制造商的内部发明者之间的合作网络和知识网络。根据 Wang 等（2014）的探讨，这一现象可以从以下三个方面进行解释。第一，知识元素在组织机构之间并不是均匀分布的。一般来说，绝大多数组织机构拥有不止一个知识元素，并且绝大多数知识元素被不止一个组织机构所拥有。第二，组织机构之间的合作研究可能涉及一个或多个知识元素，并且两个知识元素可能被不止一个组织机构组合在一起。第三，并不是所有的组织机构都参与机构之间的合作研究。例如，某个组织机构可能不参与组织机构之间的合作研究，但是它可能拥有不止一个知识元素。因此，知识网络和合作网络的分离是常规事件而不是例外事件。

图 7 - 4 提供了一个图例，该图例用来阐明了组织机构间的合作网络和知识网络的异构性。在该图中，合作网络位于该图的上半部分，知识网络位于该图的下半部分，组织机构对知识元素的所有关系位于该图的中间部分。与组织机构 A 与 C 相比较，组织机构 B 位于合作网络中较为中心的位置并且具有较少的网络约束，它在合作网络中的度中心性得分为 6，网络效率得分为 0.833。然而，在知识网络中，组织机构 A 和 C 的知识元素的平均度中心性都比组织机构 B 的知识元素的平均度中心性高，其中，它们的知识元素的平均度中心性得分分别为：A = 7、B = 3.25、C = 6.333。此外，组织机构 A、B、C 的知识元素在知识网络中的网络效率的平均值得分分别为：A = 0.567、B = 0.333、C = 0.569。因此，组织机构 A 和 C 都比组织机构 B 具有较少的知识网络约束。

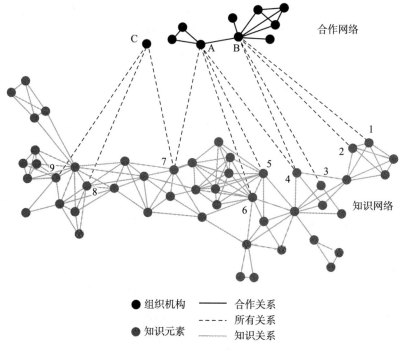

**图 7 - 4　合作网络和知识网络异构示例**

正如表 7 - 2 所示，知识网络中的变量和合作网络中相对应的变量的相关水平比较低。例如，组织机构的知识元素的平均知识网络效率与它的合作网络效率的相关系数为 - 0.040。这些相当低的相关性进一步证实了合作网络和知识网络不是同构的。因此，一个组织机构在合作网络中的位置并不一定反映了它的知识元素在知识网络中的位置。

## 7.5.2　回归结果

表 7 - 2 报告了变量的描述性统计和它们之间的相关性。从该表可知，多重共线性在本研究中并不是一个问题，因为，每个变量的方差膨胀因子（VIF）都低于 10，并且每个变量的条件指标都低于 30。表 7 - 3 报告了对利用性创新和探索性创新的随机效应的负二项面板回归结果。

表 7－2　描述性统计和相关矩阵

| 变量 | 1 | 2 | 3 | 4 | 5 | 6 | 7 | 8 | 9 | 10 | 11 | 12 | 13 | 14 | 15 |
|---|---|---|---|---|---|---|---|---|---|---|---|---|---|---|---|
| 1. 利用性创新 | | | | | | | | | | | | | | | |
| 2. 探索性创新 | 0.353** | | | | | | | | | | | | | | |
| 3. 平均知识直接连结 | -0.128** | -0.193** | | | | | | | | | | | | | |
| 4. 平均知识间接连结 | 0.205** | 0.032* | -0.352** | | | | | | | | | | | | |
| 5. 平均知识网络效率 | -0.098** | 0.037** | 0.380** | -0.302** | | | | | | | | | | | |
| 6. 合作网络中的直接连结 | 0.424** | 0.204** | -0.086** | 0.197** | -0.080** | | | | | | | | | | |
| 7. 合作网络中的间接连结 | 0.237** | 0.021 | 0.154** | 0.253** | -0.057** | 0.528** | | | | | | | | | |
| 8. 合作网络效率 | 0.124** | 0.076** | -0.002 | 0.152** | -0.040** | 0.317** | 0.336** | | | | | | | | |
| 9. 亚洲 | 0.036 | -0.117** | 0.140** | -0.050** | -0.081** | 0.099** | 0.143** | 0.009 | | | | | | | |
| 10. 欧洲 | -0.017 | 0.095** | -0.051** | 0.020 | 0.037** | 0.001 | -0.073** | 0.042** | -0.512** | | | | | | |
| 11. 大学 | -0.098** | -0.092** | 0.084** | 0.024 | 0.055** | -0.036** | -0.053** | -0.039** | 0.049** | -0.089** | | | | | |

续表

| 变量 | 1 | 2 | 3 | 4 | 5 | 6 | 7 | 8 | 9 | 10 | 11 | 12 | 13 | 14 | 15 |
|---|---|---|---|---|---|---|---|---|---|---|---|---|---|---|---|
| 12. 研究院所 | 0.019 | 0.035* | 0.011 | 0.018 | 0.011 | 0.040** | -0.015 | 0.013 | 0.061** | -0.035* | -0.238** | | | | |
| 13. 研发强度 | 0.725** | 0.262** | -0.159** | 0.321** | -0.149** | 0.571** | 0.340** | 0.188** | 0.110** | -0.099** | -0.070** | 0.037** | | | |
| 14. 利用性学习能力 | 0.717** | 0.225** | -0.098** | 0.256** | -0.120** | 0.484** | 0.299** | 0.151** | 0.123** | -0.088** | -0.071** | 0.031* | 0.896** | | |
| 15. 探索性学习能力 | 0.406** | 0.313** | -0.202** | 0.181** | -0.118** | 0.308** | 0.119** | 0.153** | 0.075** | -0.080** | 0.022 | 0.061** | 0.510** | 0.368** | |
| 均值 | 4.678 | 5.309 | 135.995 | 156.015 | 0.818 | 2.665 | 51.293 | 0.607 | 0.587 | 0.155 | 0.303 | 0.115 | 11.718 | 1.869 | 1.832 |
| 标准差 | 11.585 | 7.435 | 35.031 | 20.823 | 0.021 | 4.226 | 77.389 | 0.418 | 0.492 | 0.362 | 0.460 | 0.319 | 17.905 | 4.431 | 2.449 |
| 最小值 | 0 | 0 | 2.000 | 1.083 | 0.500 | 0 | 0.000 | 0.000 | 0 | 0 | 0 | 0 | 0 | 0 | 0 |
| 最大值 | 192 | 77 | 273 | 242.667 | 0.905 | 70 | 298.833 | 1.000 | 1 | 1 | 1 | 1 | 277 | 81 | 27 |

其中，模型 1 和模型 5 都是基本模型，这两个模型都只包含了控制变量。模型 2 和模型 6 在基本模型 1 和模型 5 的基础上都分别增加了知识网络关系与结构相关的自变量。模型 3 和模型 7 在基本模型 1 和模型 5 的基础上都分别增加了合作网络关系与结构相关的变量。模型 4 和模型 8 都分别表示全模型，这两个模型包含了我们所考虑了所有的自变量和控制变量。

表 7 - 3　　利用性创新和探索性创新的随机效应的面板回归结果

| 变量 | 利用性创新 | | | | 探索性创新 | | | |
|---|---|---|---|---|---|---|---|---|
| | 模型 1 | 模型 2 | 模型 3 | 模型 4 | 模型 5 | 模型 6 | 模型 7 | 模型 8 |
| 知识网络<br>直接连结 | | | | | | | | |
| 平均知识<br>直接连结 | | 9. 1012 ***<br>(0. 9615) | | 8. 3354 ***<br>(0. 9644) | | - 0. 8937<br>(0. 5429) | | - 0. 8759<br>(0. 5478) |
| （平均知<br>识直接<br>连结）² | | - 6. 8617 ***<br>(0. 9324) | | - 6. 2194 ***<br>(0. 9274) | | - 0. 2573<br>(0. 5427) | | - 0. 1514<br>(0. 5437) |
| 知识网络<br>间接连结 | | | | | | | | |
| 距离加权<br>中心性的<br>平均值 | | 3. 6316 ***<br>(0. 2737) | | 3. 3046 ***<br>(0. 2944) | | 0. 1409<br>(0. 4491) | | 0. 1306<br>(0. 4499) |
| 知识网络<br>非冗余性 | | | | | | | | |
| 平均知识<br>网络效率 | | - 2. 6084 **<br>(1. 1666) | | - 2. 6870 **<br>(1. 1708) | | 2. 2938 ***<br>(0. 7555) | | 2. 2143 ***<br>(0. 7574) |
| 合作网络<br>直接连结 | | | | | | | | |
| 直接连结 | | | 4. 2622 ***<br>(0. 7005) | 4. 1000 ***<br>(0. 7321) | | | 2. 1983 ***<br>(0. 5823) | 1. 7640 ***<br>(0. 5838) |
| （直接<br>连结）² | | | - 9. 0242 ***<br>(1. 4838) | - 6. 6903 ***<br>(1. 5462) | | | - 2. 2365 **<br>(1. 0247) | - 2. 1128 **<br>(1. 0423) |
| 合作网络<br>间接连结 | | | | | | | | |

续表

| 变量 | 利用性创新 | | | | 探索性创新 | | | |
|---|---|---|---|---|---|---|---|---|
| | 模型 1 | 模型 2 | 模型 3 | 模型 4 | 模型 5 | 模型 6 | 模型 7 | 模型 8 |
| 距离加权的中心性 | | | 0.5224 ***<br>(0.0831) | − 0.1146<br>(0.0914) | | | − 0.4856 ***<br>(0.0714) | − 0.2598 ***<br>(0.0770) |
| 合作网络非冗余性 | | | | | | | | |
| 网络效率 | | | 0.2083 ***<br>(0.0540) | 0.1421 ***<br>(0.0548) | | | 0.0224<br>(0.0390) | 0.0185<br>(0.0393) |
| 控制变量 | | | | | | | | |
| 亚洲 | 0.2309 ***<br>(0.0568) | 0.2467 ***<br>(0.0614) | 0.1613 ***<br>(0.0567) | 0.1969 ***<br>(0.0606) | − 0.0552<br>(0.0441) | − 0.0274<br>(0.0436) | − 0.0490<br>(0.0445) | − 0.0328<br>(0.0438) |
| 欧洲 | − 0.1836 **<br>(0.0793) | − 0.1895 **<br>(0.0834) | − 0.2417 ***<br>(0.0789) | − 0.2408 ***<br>(0.0819) | 0.0835<br>(0.0586) | 0.1090 *<br>(0.0573) | 0.0692<br>(0.0587) | 0.0939<br>(0.0574) |
| 大学 | − 0.2423 ***<br>(0.0545) | − 0.3251 ***<br>(0.0581) | − 0.2276 ***<br>(0.0538) | − 0.3224 ***<br>(0.0567) | 0.2038 ***<br>(0.0420) | 0.2174 ***<br>(0.0411) | 0.1955 ***<br>(0.0420) | 0.2110 ***<br>(0.0410) |
| 研究院所 | 0.0468<br>(0.0766) | 0.0258<br>(0.0824) | 0.0547<br>(0.0753) | 0.0029<br>(0.0796) | 0.2848 ***<br>(0.0595) | 0.2911 ***<br>(0.0580) | 0.2745 ***<br>(0.0595) | 0.2843 ***<br>(0.0579) |
| 年哑变量 | Included | Included | Included | Included | Included | Included | Included | Included |
| 研发强度 | 0.0143 ***<br>(0.0014) | 0.0087 ***<br>(0.0015) | 0.0095 ***<br>(0.0015) | 0.0068 ***<br>(0.0015) | − 0.0075 ***<br>(0.0019) | − 0.0048 ***<br>(0.0018) | − 0.0073 ***<br>(0.0020) | − 0.0056 ***<br>(0.0020) |
| 利用性学习能力 | 0.0027<br>(0.0046) | 0.0069<br>(0.0047) | 0.0123 ***<br>(0.0046) | 0.0114 **<br>(0.0048) | 0.0293 ***<br>(0.0063) | 0.0273 ***<br>(0.0061) | 0.0296 ***<br>(0.0062) | 0.0284 ***<br>(0.0061) |
| 探索性学习能力 | 0.0722 ***<br>(0.0049) | 0.0926 ***<br>(0.0051) | 0.0716 ***<br>(0.0050) | 0.0864 ***<br>(0.0051) | 0.0502 ***<br>(0.0058) | 0.0460 ***<br>(0.0056) | 0.0463 ***<br>(0.0057) | 0.0441 ***<br>(0.0056) |
| 常数项 | − 0.7485 ***<br>(0.0605) | − 3.4665 ***<br>(1.0049) | − 0.9848 ***<br>(0.0675) | − 3.1412 ***<br>(1.0089) | 0.1165 ***<br>(0.0489) | − 0.6604<br>(0.6425) | 0.1454 ***<br>(0.0533) | − 0.7286<br>(0.6447) |
| 组织机构的数量 | 919 | 919 | 919 | 919 | 919 | 919 | 919 | 919 |
| 观测样本的数量 | 5107 | 5107 | 5107 | 5107 | 5107 | 5107 | 5107 | 5107 |
| 对数似然估计 | − 10739.682 | − 10520.73 | − 10636.238 | − 10494.13 | − 13517.237 | − 13466.918 | − 13492.708 | − 13459.369 |

注:"年哑变量"已经包含在模型中,由于空间限制,没有报告它们的回归系数;括号中是标准差;
*** $p < 0.01$;** $p < 0.05$;* $p < 0.10$。直接连结和间接连结为标准化的变量。

假设 1a 预测组织机构的知识元素在知识网络中的直接连结数对它的利用性创新具有倒 U 型的关系。表 7 - 3 中的模型 2 和模型 4 都为该假设在 p < 0.01 的显著性水平下提供了统计上的支持。因此，当组织机构的知识元素在知识网络中的直接连结数较少时，将有利于它的利用性创新。随着它的知识元素的直接连结数上升到一个特定值，报酬递减的影响开始占据主导地位，即直接连结将对它的利用性创新产生不利的影响。假设 1b 预测组织机构的知识元素在知识网络中的直接连结数对它的探索性创新的倒 U 型关系。根据表 7 - 3 报告的模型 6 和模型 8 的回归结果，该假设未得到证实。因此，组织机构的知识元素在知识网络中的直接连结数对它的利用性创新和探索性创新的影响不同。

假设 2a 和假设 2b 分别预测组织机构在合作网络中的直接合作伙伴的数量对它的利用性创新和探索性创新的倒 U 型的关系。对于利用性创新来说，表 7 - 3 在模型 3 和模型 4 中报告的该变量的系数具有期望的符号并且都在 p < 0.01 的显著性水平下显著。因此，假设 2a 得到了证实。此外，表 7 - 3 报告的模型 7 和模型 8 的回归结果都在 p < 0.05 的显著性水平下支持假设 2b。因此，组织机构在合作网络中直接合作伙伴对它的利用性创新和探索性创新绩效的倒 U 型的影响都被我们的实证检验得到了证实。也就是说，组织机构在合作网络中直接的合作伙伴数量的初始增长将有利于它的利用性创新和探索性创新。然而，当它的直接合作伙伴数增加到特定的值后，进一步的增长很可能降低它的利用创新和探索性创新绩效。因此，组织机构在合作网络中的直接合作伙伴数以相同的方式影响它的利用性创新和探索性创新。

假设 3a 和假设 3b 分别假定组织机构的知识元素在知识网络中的间接连结数促进它的利用性创新和探索性创新。表 7 - 3 报告的模型 2 和模型 4 的回归结果都在 p < 0.01 的显著性水平下支持假设 3a。相比之下，对于探索性创新来说，该变量的回归系数在模型 6 和模型 8 中具有期望的正向符号，但是都未达到最低的显著性水平。因此，假设 3b 被拒绝。组织机构的知识元素在知识网络中的间接连结越多，就意味着组织机构越频繁地重复使用它现有的知识元素通过组合或重组进行创新。

假设 4a 与假设 4b 分别认为组织机构在合作网络中的间接合作伙伴数抑制它的利用性创新和探索性创新。根据表 7 - 3 中报告的模型 3 和模型 4 的回归结果，该变量的系数在跨模型中表现不稳定。因此，假设 4a 未得到证实。然而，表 3 中报告的模型 7 和模型 8 的回归结果都在 p < 0.01 的显著性水平下支持假设 4b。因此，组织机构在合作网络中的间接伙伴数越多，它探索新知识元素的创新就越少。因而，组织机构在合作网络中的间接合作伙伴数以不同的方式影响它的利用性创新和探索性创新。

假设 5a 认为组织机构的知识元素的连结非冗余性抑制它的利用性创新。对于利用性创新来说，表 7 - 3 中报告的模型 2 和模型 4 中该变量的回归系数都具有期望的负向符号，并且在 p < 0.05 的显著性水平下显著。因此，假设 5a 得到了验证。相比之下，假设 5b 认为组织机构的知识元素的连结非冗余性促进它的探索性创新。表 7 - 3 在模型 6 和模型 8 中报告的该变量的系数都是正向的并且在 p < 0.01 的显著性水平下显著。因此，假设 5b 也得到了验证。组织机构的知识网络结构的非冗余性对它的利用性创新和探索性创新具有相反的影响。

假设 6a 和假设 6b 预测组织机构在合作网络结构中连结的非冗余性促进它的利用性创新和探索性创新。对于利用性创新来说，表 7 - 3 在模型 3 和模型 4 中报告的该变量的系数都在 p < 0.01 的显著性水平下支持假设 6a。因此，组织机构在合作网络中连结的非冗余性越大，组织机构就越频繁地利用它现有的知识元素进行创新。对于探索性创新来说，与假设 6b 一致，表 7 - 3 在模型 7 和模型 8 中报告的该变量的系数是正向的，但是都没有达到我们所关注的最低的显著性水平。因此，假设 6b 未得到证实。

关于控制变量，组织机构的地理区域在解释它的利用性创新方面发挥着显著的作用。根据我们的回归结果，相对于北美洲的组织机构来说，亚洲的组织机构具有更大的倾向重新利用它们现有的知识元素进行创新，然而欧洲的组织机构具有较少的倾向重新利用它们现有的知识元素进行创新。这些不同可能是由不同地理区域的文化、政策和经济水平的不同引起的。这些环境因素可能促进或抑制组织机构的利用性创新。然而，我们的实证检验未能确定地理区域对探索性创新的影响。此外，我们发现相对于企业来说，大学具有较少的偏好来加深它们现有的技术知识基础，反而具有较多的偏好来扩展它们的技术知识基础。我们还发现相对于企业来说，研究院所具有较多的偏好来扩展它们的技术知识基础。研发强度对利用性创新具有显著的正向影响，但是它对探索性创新具有清晰的负向影响，这反映了探索性创新的不确定性、不可预知性和偶然性（March，1991；Vanhaverbeke et al.，2006）。最后，利用性和探索性学习能力都显著地正向影响利用性创新和探索性创新。

### 7.5.3　额外的分析

作为稳健性检验，我们接着选择使用零膨胀的负二项回归模型来分别对利用性创新和探索性创新来建模。表 7 - 4 中的模型 1 和模型 2 分别报告了零膨胀的负二项模型对利用性创新和探索性创新的估计结果。这两个模型中的因变量和自变量都与表 7 - 3 中的因变量与自变量相同。正如这两个模型所示，我们利用标准的负二项回归模型得出的发现被零膨胀的负二项模型所证实。

表 7 - 4　　　标准负二项模型及零膨胀负二项模型的回归结果

| | 零膨胀的负二项回归 | | 标准的负二项回归 | | 零膨胀的负二项回归 | |
|---|---|---|---|---|---|---|
| | 利用性创新 | 探索性创新 | 利用性专利的数量 | 探索性专利的数量 | 利用性专利的数量 | 探索性专利的数量 |
| 变量 | 模型 1 | 模型 2 | 模型 3 | 模型 4 | 模型 5 | 模型 6 |
| 知识网络直接连结 | | | | | | |
| 平均知识直接连结 | 6. 6202 *** (0. 8718) | - 0. 7033 (0. 6144) | 8. 8339 *** (0. 9548) | 0. 7484 (0. 5831) | 6. 8283 *** (0. 8341) | - 0. 4356 (0. 5039) |
| （平均知识直接连结)$^2$ | - 5. 4362 *** (0. 8236) | - 0. 9002 (0. 5846) | - 6. 5636 *** (0. 9183) | - 1. 1329 * (0. 5162) | - 5. 1658 *** (0. 7988) | - 0. 5301 (0. 4922) |

续表

| | 零膨胀的负二项回归 | | 标准的负二项回归 | | 零膨胀的负二项回归 | |
|---|---|---|---|---|---|---|
| | 利用性创新 | 探索性创新 | 利用性专利的数量 | 探索性专利的数量 | 利用性专利的数量 | 探索性专利的数量 |
| 变量 | 模型1 | 模型2 | 模型3 | 模型4 | 模型5 | 模型6 |
| 知识网络间接连结 | | | | | | |
| 距离加权中心性的平均值 | 0.7005** (0.2759) | 0.0483 (0.1676) | 3.7541*** (0.2895) | 0.2208 (0.4456) | 1.6752*** (0.2468) | 0.1393 (0.1339) |
| 知识网络非冗余性 | | | | | | |
| 平均知识网络效率 | −2.4482*** (0.3377) | 3.6286*** (0.2518) | −2.3702** (1.1747) | 1.2202* (0.7098) | −4.3446*** (0.3105) | 1.0942*** (0.1976) |
| 合作网络直接连结 | | | | | | |
| 直接连结 | 3.3779*** (0.7285) | 2.8750*** (0.5745) | 2.9369*** (0.7206) | 1.2554** (0.6155) | 1.2805** (0.5500) | 0.8656** (0.4336) |
| (直接连结)$^2$ | −5.4108*** (1.0467) | −3.5808*** (0.8704) | −4.0420*** (1.5409) | −2.2864* (1.3276) | −2.7521*** (0.8152) | −0.9644 (0.6756) |
| 合作网络间接连结 | | | | | | |
| 距离加权的中心性 | 0.0350 (0.1069) | −0.1931** (0.0831) | −0.1362 (0.0874) | −0.2707*** (0.0739) | −0.0611 (0.0831) | −0.2338*** (0.0650) |
| 合作网络非冗余性 | | | | | | |
| 网络效率 | 0.1639*** (0.0550) | 0.0393 (0.0420) | 0.1909*** (0.0540) | 0.0051 (0.0370) | 0.1036** (0.0460) | −0.0043 (0.0333) |
| 控制变量 | | | | | | |
| 亚洲 | −0.1639*** (0.0500) | −0.2691*** (0.0372) | 0.1890*** (0.0689) | 0.1225*** (0.0384) | 0.2877*** (0.0421) | 0.1472*** (0.0301) |
| 欧洲 | −0.0939 (0.0669) | 0.1766*** (0.0500) | −0.2999*** (0.0936) | −0.0485 (0.0517) | −0.1633*** (0.0603) | −0.0300 (0.0423) |
| 大学 | −0.5289*** (0.0480) | −0.1575*** (0.0360) | −0.2949*** (0.0639) | 0.2678*** (0.0351) | −0.2864*** (0.0398) | 0.2461*** (0.0283) |
| 研究院所 | −0.1898*** (0.0659) | 0.0108 (0.0502) | −0.0137 (0.0907) | 0.2954*** (0.0497) | 0.0115 (0.0521) | 0.2508*** (0.0386) |
| 年哑变量 | Included | Included | Included | Included | Included | Included |
| 研发强度 | 0.0303*** (0.0032) | 0.0028 (0.0023) | 0.0052*** (0.0014) | −0.0016 (0.0017) | 0.0266*** (0.0022) | 0.0046*** (0.0016) |

续表

| | 零膨胀的负二项回归 | | 标准的负二项回归 | | 零膨胀的负二项回归 | |
|---|---|---|---|---|---|---|
| | 利用性创新 | 探索性创新 | 利用性专利的数量 | 探索性专利的数量 | 利用性专利的数量 | 探索性专利的数量 |
| 变量 | 模型 1 | 模型 2 | 模型 3 | 模型 4 | 模型 5 | 模型 6 |
| 利用性学习能力 | 0.0478 *** (0.0109) | 0.0202 ** (0.0082) | 0.0128 *** (0.0041) | 0.0196 *** (0.0052) | 0.0465 *** (0.0077) | 0.0117 ** (0.0057) |
| 探索性学习能力 | 0.1360 *** (0.0105) | 0.0906 *** (0.0078) | 0.0768 *** (0.0047) | 0.0534 *** (0.0048) | 0.1229 *** (0.0077) | 0.0910 *** (0.0054) |
| 常数项 | — | — | − 2.8509 *** (1.0150) | 0.5479 (0.6082) | | |
| 组织机构的数量 | 919 | 919 | 919 | 919 | 919 | 919 |
| 观测样本的数量 | 5107 | 5107 | 5107 | 5107 | 5107 | 5107 |
| 对数似然比估计 | − 10766.94 | − 13573 | − 8364.8123 | − 9353.2764 | − 8418.975 | − 9307.81 |

注："年哑变量"已经包含在模型中，由于空间限制，没有报告它们的回归系数；括号中是标准差；*** $p < 0.01$；** $p < 0.05$；* $p < 0.10$。直接连结和间接连结为标准化的变量。

我们上述所进行的标准负二型模型和零膨胀的负二项模型都使用利用性创新和探索性创新的质量绩效指标作为因变量，即专利数量使用专利家族大小进行了加权。除了利用性创新和探索性创新的质量绩效指标外，我们接下来选择使用绩效的数量指标即简单计数的利用性专利和探索性专利的数量作为因变量来进一步检验我们的结果。对于数量绩效指标，我们也分别估计标准的负二项模型和零膨胀的负二项模型。表 7-4中的模型 3 到模型 6 报告了利用性创新和探索性创新数量绩效的标准的负二项模型和零膨胀的负二项模型的回归结果。正如这些模型所示，我们关注的变量的估计系数的符号与我们在质量绩效的回归结果类似，但是估计系数的量级及显著性水平发生了一定的变化。但是总的来说，表7-4中模型 3 到模型 4 的发现与我们先前的利用质量绩效回归结果的发现一致。

因此，在纳米能源领域，组织机构之间的合作网络和知识网络的一些关系和结构特征影响组织机构的利用性创新和探索性创新，其中，这包括了创新的质量绩效和数量绩效。

# 7.6 讨论及结论

## 7.6.1 主要发现

组织机构的技术创新不仅嵌入在社会网络中，而且也嵌入在知识网络中（Yayavaram and Ahuja，2008；Wang et al.，2014）。在本研究中，我们探讨了新兴纳米能源技术领域组织机构之间合作网络和知识元素之间知识网络的关系和结构特征以及它们对组织机构的利用性创新和探索性创新的影响。

我们的研究结果发现组织机构之间的合作网络和领域范围内的知识网络具有不同的整合性。组织机构间的合作网络被分裂成许多互不连通的集群，该网络以低度的合作整合性为特征，它为知识和信息的扩散以及共同努力的问题解决提供了较少的机会。相比之下，在领域范围内的知识网络中，知识元素在很大程度上彼此连通，该种类型的网络以高度的关联整合性为特征，它为知识发现提供了许多机会。此外，同一网络结构特征在合作网络和知识网络中具有不同的意义和影响（Wang et al.，2014）。这两种类型的网络不是同构的。某个组织机构在合作网络中位置并不一定反映它的知识元素在知识网络中的位置。该发现与 Wang 等（2014）的研究发现一致。例如，某个组织机构在合作网络中具有较少的合作伙伴，但是它的知识元素在知识网络中并不一定具有较少的连结。

首先，关于直接连结数的作用，我们发现组织机构的知识元素在知识网络中的直接连结数对它的利用性创新具有曲线性的影响。创新型的组织机构显然得益于它的知识元素的直接连结，因为知识元素的直接连结表征着组合性的潜力。然而，随着组织机构知识元素的直接连结增加到特定的值，它的进一步增加将抑制组织机构重新利用它现有的知识元素进行创新的能力，因为知识元素的组合性潜力已经被耗尽。因此，为了促进利用性创新，组织机构的知识元素的直接连结应该维持在适当的水平。然而，我们的研究结果未证实组织机构的知识元素的直接连结对它的探索性创新的曲线性的影响。组织机构在合作网络中的直接连结对它的利用性创新和探索性创新都具有曲线性的影响。虽然增加组织机构在合作网络中的直接合作伙伴能够增加它的利用性创新绩效和探索性创新绩效，但是过多的直接合作伙伴不仅削弱组织机构重新利用它现有的知识元素的能力而且削弱它探索新知识元素的能力。因此，为了促进组织机构的利用性创新和探索性创新，组织机构在合作网络中的自我网络规模应该维持在适当的水平。

其次，关于间接连结数的作用，我们发现组织机构的知识元素在知识网络中的间接连结数对它的利用性创新具有显著的正向影响。虽然我们未发现该变量对探索性创新的显著影响，但是该变量系数的符号是正向的。因此，当组织机构寻求新的创新机会时，组织机构不仅应该在它的知识元素的自我网络附近实施局部搜索而且应该实施远距离搜索。然而，我们发现组织机构在合作网络中的间接连结数对它的探索性创新具有负向影响，但是我们未发现该变量对利用性创新的负向影响。

最后，关于连结非冗余性的作用，我们发现组织机构的知识元素在知识网络中的连结非冗余性对它的利用性创新绩效和探索性创新绩效具有相反的影响。因此，组织机构的非冗余的知识网络结构减少它重复利用现有知识元素进行创新的能力，但是增强它探索现有知识存量所不具备的新知识元素而进行创新的能力。组织机构嵌入在开放的知识网络结构中好，还是嵌入在封闭的知识网络结构中更好呢？这取决于组织机构具体的创新任务，即进行利用性创新还是进行探索性创新。相比之下，我们发现组织机构的非冗余合作网络结构对它的利用性创新具有正向影响。虽然我们未能够发现该变量对探索性创新的显著影响，但是它的系数是正向的。因此，组织机构应该嵌入在开放性的合作网络中，这将有利于它的利用性创新和探索性创新。

## 7.6.2　贡献

以往绝大多数研究将组织机构的知识基础视为它们的知识元素的简单集合。本研究引入纳米能源技术领域的知识网络并且关注知识基础的关系和结构特征对组织机构的利用性创新和探索性创新的影响。知识网络是由知识元素或知识部件组合关系而形成的。这些知识元素或知识部件并不像社会网络中的行动者一样具有智能活动（Agency Activities）。知识元素之间的关系是关联性的或组合性的，记录了知识元素在过去的发明中的组合经历并且代表着个体创新者或更高层面的集体创新者的有意和刻意努力的结果（Yayavaram and Ahuja, 2008；Wang et al., 2014）。这种关联性关系可以作为知识流通的渠道，也可以作为未来知识元素组合的指引。对于知识搜索来说，知识元素之间的关联性关系甚至比知识元素本身更为重要，因为创新者可以通过这些关联性关系搜索到组合性的机会或新的知识元素。

以往绝大多数研究探讨社会关系以及社会关系所形成的社会网络对创新的影响。本研究强调组织机构的创新活动的多网络嵌入。基于技术的合作网络是由智能体（Agents, 个体创新者或更高层面的集体创新者）所形成的，该网络可以作为知识和信息搜索及传递的渠道并且也创造新的知识和信息（Phelps et al., 2012）。这些智能体通过合作关系的交互作用，合作关系促进并约束知识和信息的扩散、传递与获取以及随后的创新活动（Yayavaram and Ahuja, 2008；Phelps et al., 2012）。这些智能体之间的合作关系是社会性的，包括正式或非正式的合作，这些关系都是有意和刻意的智能活动（Ahuja et al., 2012）。这些社会关系可以作为智能体搜索知识和信息的方式，也可以作为知识和信息流通的渠道，还可以作为社会智能体评估其他行动者以及它们的知识和信息存量的透镜（Phelps et al., 2012）。如上所述，知识网络反映了知识元素如何彼此连通或割裂的。这两种类型的网络不是同构的，相同的网络特性具有不同意义和影响。

以往绝大多数研究尤其强调基于社会的搜索对创新的作用。本研究超越主流的关注，强调基于知识的搜索和基于社会搜索的作用，基于知识的搜索增强和补充基于社会的搜索，基于社会的搜索强调社会联系的重要性。通过这种社会联系，其他创新者拥有的知识和信息能够被搜索到。基于知识的搜索强调知识联系的重要性。通过这种知识关联，组合性的机会和新的知识元素能够被搜索到。

## 7.6.3  局限性及未来的研究

虽然本研究具有重要的理论和实际意义，但是它也具有一些局限性。这些局限性有待未来进一步开展探讨。

在以往文献研究中，利用性创新和探索性创新被研究者使用不同的方法计算。在本研究中，我们根据专利是否被新的技术类别（与组织机构先有的技术类别比较）分类来定义组织机构的利用性创新和探索性创新。以往一些其他的研究根据某个组织机构的专利是否引用该组织机构先前的专利来定义该组织机构的利用性创新和探索性创新。这两种方法以不同的方式测度利用性创新和探索性创新。但是一种方法认为的利用性创新，另一种方法未必认为是利用性创新。对探索性创新也是如此。因为，组织机构的某个专利可能被它先前所不具有的技术类别分类，但同时也引用了它先前的专利；而且，对立面也可能发生，即组织机构的某个专利可能是被它先前所具有的技术类别分类，但却没有引用它先前的专利。因此，未来的研究可能将这两种定义利用性创新和探索性创新的方法结合起来。

为了克服简单的专利计数的局限性，我们在本研究中将专利家族的大小作为权重来测度创新。以往其他研究也有将专利的前向引用作为权重的。鉴于数据的局限性，本章节未采用专利的前向引用作为权重。因此，未来的研究可以考虑将专利的前向引用作为权重。

我们的实证分析只局限于一个产业领域，也就是新兴的纳米能源技术领域。该技术领域以高度的动态和多学科的交互作用为特征。因此，我们的研究结果不能简单地推广到其他产业背景。然而，本研究设计是可以复制的。使用本研究的设计，其他具有较少动态和交互作用的产业背景可以在未来探讨，尤其是检验那些在本章节研究中未得到证实的研究假设。

本章的研究探讨是在组织机构层面开展的，即我们的分析单元是组织机构，未来的研究可以转移到个体创新者层面或其他层面。

当组织机构与其他组织机构建立技术合作关系时，组织机构的知识基础是应该考虑的重要因素。然而，目前还没有研究探讨知识元素之间的组合关系以及它们之间的知识网络结构如何影响组织机构的技术合作。在未来的研究中，可以考虑探讨该问题。

# 第 8 章

# 总结及展望

## 8.1　本研究的主要工作总结

纳米能源科技是纳米技术在能源领域的应用衍生出来的前沿科学和新兴技术领域，在保障能源安全、改善环境、促进社会经济可持续发展等方面具有重要的应用前景。纳米能源科技领域同时也是多学科、多技术领域会聚、交叉、融合的典范。许多国家将纳米能源技术确定为关乎未来竞争力的战略制高点和科技发展优先资助的领域。尽管纳米能源科技如此重要，但是现有研究很少从定量的角度测度纳米能源科技领域的科技发展状况，并且极其地缺乏对纳米能源科技领域复杂创新网络测度的研究。

本研究在能源短缺、环境问题日益凸显的社会背景下，以及创新组织活动网络化发展的社会趋势下，依据技术创新理论、复杂网络理论、科学计量和专利计量学方法、社会网络分析技术以及面板数据模型等，开展纳米能源科技能力及其复杂创新网络的测度研究。现将本书的研究工作总结如下：

第一，为了让人们更加了解纳米能源科技发展状况，特别是中国在该领域的发展状况，定位中国的纳米能源科技在世界上的地位，本研究在开展复杂创新网络测度研究之前，基于科学计量及专利计量的方法和指标，利用纳米能源领域的科技论文和专利数据挖掘纳米能源科学创新和技术创新的重要代理指标，从数据统计的角度利用一些计量公式和指标测度了中国纳米能源的科学及技术的创新绩效，主要关注了创新产出及影响力，并选择了典型的代表性国家进行国际比较分析。此外，本研究利用社会网络分析技术，探讨了纳米能源科技领域的科学及技术合作状况。在科学合作方面，我们构建了跨国家/区域的国际科学合作网络，从整体网络分析的视角定位了中国在国际科学合作网络中的位置；在技术合作方面，我们将中国的组织机构之间的纳米能源技术发明合作网络与美国的组织机构之间的纳米能源技术发明合作网络进行对比分析。研究发现中国在纳米能源领域具有强大科技能力，但是中国纳米能源的科技影响力还远远不如欧美发达国家。尽管如此，中国的纳米能源科学影响力近年来上升非常快。中国的纳米能源技术发明活动更多的是大学和研究院所进行的。中国在纳米能源国际科学合作中逐渐开始表现出重要的影响力。中国组织机构之间的技术发明合作还比较弱。总体来看，新兴国家在前沿科学和新兴技术领域通过适当地追赶策略能够取得竞争优势。根据本研究对纳米能源科技能力的测度与国际比较的研究结果，我们提出了若干促进中国纳米能源科技发展的政策建议。

第二，为了解纳米能源领域的技术发明状况以及技术网络嵌入对技术增长的影响机制，本研究利用专利计量的方法深度挖掘从德温特专利数据库收集的纳米能源专利数据，描述了纳米能源领域的技术发明景观。具体包括，利用技术代码作为技术元素或技术知识领域的表征测度了技术能力分布；利用突现检测算法识别了突现的技术知识领域，并使用相关的网络路径缩减算法可视化了突现的技术知识领域；测度了技术组合性发明状况和发明的新颖性来源。此外，本研究借助社会网络分析技术和面板数据模型，在理论探讨的基础上，实证检验了技术网络嵌入对技术增长的影响，具体关注了技术连结强度、技术中介性、技术地位、技术融合性等对技术增长的影响。

第三，为了解纳米能源创新网络如何随时间演变与发展，本研究探讨了中国的组织机构在纳米能源知识创造过程中所结成的科学合作网络的演变模式及动力机制。本研究选择收集由中国学者参与发表的纳米能源论文并根据论文中的相关的机构信息构建了大学、研究院所与企业之间的科学合著网络。基于社会网络的分析方法和小世界理论研究了整体网络的演化模式及阶段性特征，并检验了科学合作网络的小世界性及其动态性。将社会网络的分析方法和面板数据模型相结合，在理论研究构建概念框架模型的基础上，分别实证研究了组织机构在 t 期网络中的能力效应、聚集效应和地位效应对组织机构在 t + 1 期网络中的自我网络增长和自我网络多样化的影响。本研究内容及结果对于创新网络的构建及管理具有重要的指导意义。

第四，为了解纳米能源创新网络的功能机制，本研究考虑到组织机构创新活动的多网络嵌入性，收集纳米能源领域的专利数据，根据组织机构之间的合作发明信息及知识元素之间共现信息，构建了组织机构之间的合作网络以及知识元素之间的知识网络。利用社会网络分析技术研究了合作网络和知识网络的关系及结构特性，并结合负二项面板数据模型分别实证检验了组织机构在合作网络中的关系和结构特性以及组织机构的知识元素在知识网络中的关系和结构特性对组织机构创新的作用影响。我们分别关注了组织机构的利用性创新和探索性创新绩效，本研究关注的网络关系和结构特征包括直接连结、间接连结以及连结的非冗余性。通过合作网络和知识网络对利用性创新及探索性创新的作用研究，强调了在创新过程中基于社会搜索和基于知识搜索的重要，有利于分析组织机构的知识创新能力，并根据网络关系及结构特征对创新绩效的影响来相应地调整网络配置，从而提高创新绩效。

## 8.2　本研究的主要创新点

本研究运用科学计量及专利计量的方法和指标、社会网络分析技术以及面板数据模型等对纳米能源科技领域的创新能力及复杂创新网络的特征、动态演化和功能机制进行了测度与实证研究及分析，丰富了现有创新文献。本研究的创新点主要体现在数据及研究内容的新颖性，具体的创新点包括以下几个方面：

第一，本研究选择的科技领域的独特性及研究数据的新颖性。

本研究选择将纳米能源这个交叉的前沿科学和新兴技术领域作为我们开展创新能力测度及复杂创新网络研究的科技领域背景。纳米技术是21世纪的新兴技术，纳米能源是纳米技术在能源领域的应用，具有典型的学科交叉背景。在国外，除了个别的学者对纳米能源领域的科学研究能力开展测度研究之外，还没有学者对纳米能源科技领域的复杂创新网络开展测度研究，更不用说国内的学者。在能源安全和环境问题日益突出的社会背景下，选择对社会可持续发展具有重要意义的纳米能源科技作为我们的研究背景。因此，本研究选择的纳米能源科技领域有别于现有研究关注的科技领域，从而保证了本研究数据的新颖性。

第二，本研究首次对纳米能源科技领域的技术发明景观进行了描述，尤其是实证检验了技术网络嵌入对技术增长的作用。

纳米能源作为一个新兴的科技领域，目前还没有研究测度该领域的技术发明景观。本研究利用德温特专利数据库提取的纳米能源专利数据，首次描述了纳米能源科技领域的技术发明景观。发明主要来自于现有技术能力的组合或重组，而不是开发崭新的技术能力。这个常见的论断虽然经常出现在科技文献中，但很少有学者为该论断提供定量的论证。在本论文中，我们利用 n–元（n-tuple）专利法及发明新颖性来源的划分为该论断提供了数量上的证据。此外，本研究突破了在研究者个体层面、企业层面或产业层面开展研究的常见的实证策略，我们从技术网络嵌入的视角实证研究了技术网络嵌入对技术增长的影响，即关注技术的网络结构特性如技术连结强度、技术中介性、技术地位及技术融合性对技术增长的影响，强调基于技术搜索的在发明创造中的重要性。

第三，本研究首次关注了自我网络增长及自我网络多样化的动力机制，并利用面板数据模型进行了实证检验，拓展和丰富了创新网络动态演化的研究内容。

现有对创新网络动态演化的研究的主要关注整体网络结构演变及发展的阶段性特征，很少有研究关注自我网络层面的自我关系或连结的演变及发展。而整体网络结构的演变及发展是由自我网络层面的自我关系或连结的演变及发展引起的。本研究构建了自我网络增长和自我网络多样化的动力机制模型，认为组织机构的自我网络增长和自我网络多样化是组织机构的知识资源需求和有限性，以及它们的网络结构特征所体现的机会和约束驱动的，进而本研究将组织机构在 t 期网络中的能力效应、地位效应及聚集效应与组织机构在 t + 1 期网络中的网络演化路径即自我网络增长与自我网络多样化联系起来，通过应用面板数据模型实证研究了自我网络增长和自我网络多样化的动因。我们开展本研究内容对网络动力学和知识创造做出了一定的贡献，拓展和丰富了创新网络动态演化的研究内容。

第四，本研究弥补了当前知识网络关系及结构特征对创新作用研究的缺乏，丰富和发展了当前创新网络功能机制研究的内容和视角。

先前的研究多将组织机构的知识基础视为它们的知识元素的简单的集合，关注知识基础的质性特征及数量特征对创新的作用，如知识宽度、知识深度及知识多样化。本研究引入了纳米能源技术领域的知识网络，关注知识基础的关系及结构特征对创新的作用。先前的研究多探讨社会关系结成的社会网络（如合作网络）的关系及结构特征对创新的作用，本研究强调组织机构创新活动的多网络嵌入性。具体来讲，本研究考虑到组织机构的创新活动不仅嵌入在组织机构之间的合作关系形成的社会网络中而且嵌入在知识元素之间的关联关系形成的知识网络中。因此，我们将组织机构之间的合作网络和知识元素之间的知识网络整合在一个分析框架中，研究了合作网络和知识网络的关系和结构特征，并利用面板数据模型实证研究了它们对组织机构的利用性创新和探索性创新的作用。社会网络的研究强调基于社会搜索的重要性，而知识网络的研究强调基于知识搜索的重要性。本研究从多网络的研究视角既强调了基于社会的搜索对创新作用的重要性又强调基于知识的搜索对创新作用的重要性。

# 8.3 本研究的局限性及未来展望

## 8.3.1 局限性

本研究对纳米能源科技及其复杂创新网络的测度研究虽然取得了一定的研究成果，但本研究也具有一定的局限性。在相关章节，我们已经对它们暗含的局限性进行了初步阐述，现将它们概括总结如下：

第一，本研究具有单一个案研究的局限性。

本研究的所有实证研究内容都是针对纳米能源这个交叉的前沿科学和新兴技术领域开展的。虽然本研究具有针对性和系统性，但是本研究也具有单一个案研究的局限性，即本研究缺乏不同科技领域的对比分析及异质性检验研究，如新兴领域与新兴领域、新兴领域与成熟领域等。因而，本研究没有解答我们得出的一些研究结论对其他新兴或成熟科技领域的适用性。因此，我们需要注意的是，在推广和解释本研究得出的一些研究结论时需要谨慎。但是，这并不是说本研究的研究设计是不可复制的。

第二，本研究具有科技创新测度的局限性。

在本研究中，我们分别基于科技论文和专利数据开发创新产出的测度指标。虽然科技论文和专利产出是国内外学者在创新研究实践中普遍采用并广泛认可的，但是创新的内容绝非只是科技论文和专利。像新产品、新工艺以及一些非论文和专利形式的知识创新产出，本研究限于二手数据的局限性而没有考虑这些创新产出。

第三，本研究具有创新网络研究范围的局限性。

本研究的创新网络限定为科学知识创新活动及技术发明创造活动的网络。虽然国际上对创新网络测度的研究也通用这两种类型的网络作为代理，但是除了这两种类型创新活动的网络外，还存在其他类型的创新网络，如新产品开发与制造活动、技术转移等。此外，创新强调人才、技术开发中心、大学、企业、风险投资机构、政府部门等建立功能齐全、合理有序的结合关系，因而存在范围更广的创新网络。本研究受到数据可得性的限制，没有研究这些更广范围的创新网络。

第四，本研究具有知识代理指标的局限性。

在本研究中，我们使用专利的技术代码作为技术要素或知识元素的代理，进而根据它们之间的关联关系构建相应的技术网络或知识网络。虽然这种做法在国际研究中被普遍认可和采用，但是它也具有一定的局限性。因为技术代码所提供的信息更多地是已被编码化的知识或技术。而除了编码化的知识或技术外，还存在不可编码的知识或技术。本研究受到数据可得性的限制，对于以"隐形知识"为代表的非编码化的知识或技术考察不足。

## 8.3.2　未来研究展望

鉴于以上几个方面的局限性，我们可以通过比较研究、访谈调研的方法对本研究内容进行扩展和补充。此外，我们还可以从以下几个方面开展研究工作：

第一，研究创新网络的不同网络层面的交互作用对创新绩效的影响机制。

无论是产学研合作创新网络，还是科学合著网络都可以划分为三个网络分析层面：自我网络层面（微观层面）、群体网络层面（中观层面）和整体网络层面（宏观层面）。现有研究很少有考虑不同网络层面的交互作用对创新绩效有何影响。然而，创新是一个复杂的活动过程，自我网络层面的创新活动可能受到群体网络层面的影响。因为多个自我网络聚集形成群体网络，也可以说自我网络嵌入在群体网络中。因此，在未来的研究中，可以试图选择相应的测度指标，实证研究不同网络层面的交互作用对创新绩效的影响机制。

第二，研究创新网络的动态性对创新绩效的影响机制。

本研究探讨了科学合著网络的整体网络如何随时间演变和发展以及自我网络增长和自我网络多样化的动力机制。创新网络的动态性对网络参与者的创新有何影响？本研究没有涉及，现有文献也比较少见。因此，在未来的研究中，我们可以从理论上探讨网络增长（新增合作伙伴）、网络增强（合作关系强度即合作频次的变化）以及网络流动性（网络参与者在网络中位置的变化）对网络参与者创新绩效的作用机制，构建创新网络动态性对创新绩效的作用模型，并选择相应的数据实证检验相关理论的有效性。

第三，研究创新主体的个体特质对创新网络嵌入及创新的影响。

在本研究中，由于受到二手数据的局限性，没有考虑创新主体的特质对创新网络的影响。创新者作为创新的行为主体，其个体特质可能影响创新者的网络嵌入性，进而影响创新。然而，这方面的研究目前还是一个空白。在未来的研究中，可以试图通过设计调研问卷，对创新主体进行调研收集相关数据，进而探索创新主体的个体特质如知识技能、个性、冒险意识、动机、惯性行为等对创新主体的网络嵌入有何影响，探索创新主体的个体特质又如何影响创新行为。

# 参 考 文 献

[1] Adenle, A. A. , G. E. Haslam, L. Lee. Global assessment of research and development for algae biofuel production and its potential role for sustainable development in developing countries [J]. Energy Policy, 2013, 61: 182 – 195.

[2] Adler, P. S. , S. W. Kwon. Social capital: Prospects for a new concept [J]. Academy of Management Review, 2002, 27 (1): 17 – 40.

[3] Adomavicius, G. , J. C. Bockstedt, et al. Technology roles and paths of influence in an ecosystem model of technology evolution [J]. Information Technology and Management, 2007, 8 (2): 185 – 202.

[4] Afuah, A. Are network effects really all about size? The role of structure and conduct [J]. Strategic Management Journal, 2013, 34 (3): 257 – 273.

[5] Ahrweiler, P. , M. T. Keane. Innovation networks [J]. Mind & Society, 2013, 12 (1): 73 – 90.

[6] Ahuja, G. Collaboration networks, structural holes, and innovation: A longitudinal study [J]. Administrative Science Quarterly, 2000, 45 (3): 425 – 455.

[7] Ahuja, G. , R. Katila. Technological acquisitions and the innovation performance of acquiring firms: A longitudinal study [J]. Strategic Management Journal, 2001, 22 (3): 197 – 220.

[8] Ahuja, G. , G. Soda, A. Zaheer. The genesis and dynamics of organizational networks [J]. Organization Science, 2012, 23 (2): 434 –

448.

[9] Albert, R. , A. L. Barabási. Statistical mechanics of complex networks [J]. Reviews of Modern Physics, 2002, 74 (1): 47 - 97.

[10] Alivisatos, P. , P. Cummings, et al. Nanoscience research for energy needs [EB/OL]. http: //eprints. internano. org/73/1/DoE _ Nanocience_Research_for_Energy. pdf, 2005.

[11] Altwies, J. E. , G. F. Nemet. Innovation in the US building sector: An assessment of patent citations in building energy control technology [J]. Energy Policy, 2013, 52: 819 - 831.

[12] Amitay, E. , D. Carmel, et al. Trend detection through temporal link analysis [J]. Journal of the American Society for Information Science and Technology, 2004, 55 (14): 1270 - 1281.

[13] Archibugi, D. Patenting as an indicator of technological innovation: a review [J]. Science and Public Policy, 1992, 19 (6): 357 - 368.

[14] Archibugi, D. , M. Planta. Measuring technological change through patents and innovation surveys [J]. Technovation, 1996, 16 (9): 451 - 519.

[15] Arora, S. K. , A. L. Porter, et al. Capturing new developments in an emerging technology: an updated search strategy for identifying nanotechnology research outputs [J]. Scientometrics, 2013, 95 (1): 351 - 370.

[16] Arthur, W. B. The nature of technology: What it is and how it evolves [M]. NewYork: Simon and Schuster, 2009: 23.

[17] Arundel, A. , I. Kabla. What percentage of innovations are patented? Empirical estimates for European firms [J]. Research Policy, 1998, 27 (2): 127 - 141.

[18] Arya, B. , Z. Lin. Understanding Collaboration Outcomes From an Extended Resource - Based View Perspective: The Roles of Organizational

Characteristics, Partner Attributes, and Network Structures [J]. Journal of Management, 2007, 33 (5): 697 – 723.

[19] Bai, C. Ascent of nanoscience in China [J]. Science, 2005, 309 (5731): 61 – 63.

[20] Barabási, A. L. Network science: Luck or reason [J]. Nature, 2012, 489 (7417): 507 – 508.

[21] Barabási, A. – L. , R. Albert. Emergence of scaling in random networks [J]. Science, 1999, 286 (5439): 509 – 512.

[22] Barnett W. P. The dynamics of competitive intensity [J]. Administrative Science Quarterly, 1997, 42 (1): 128 – 160.

[23] Baum, J. A. , R. Cowan, N. Jonard. Network-independent partner selection and the evolution of innovation networks [J]. Management Science, 2010, 56 (11): 2094 – 2110.

[24] Belenzon, S. , A. Patacconi. Innovation and firm value: An investigation of the changing role of patents, 1985 – 2007 [J]. Research Policy, 2013, 42 (8): 1496 – 1510.

[25] Belsley, D. A. , E. Kuh, R. E. Welsch. Regression diagnostics: Identifying influential data and sources of collinearity [M]. John Wiley & Sons, 2005: 156.

[26] Benner, M. J. , M. L. Tushman. Exploitation, exploration, and process management: The productivity dilemma revisited [J]. Academy of management review, 2003, 28 (2): 238 – 256.

[27] Bhattacharya, S. , M. Bhati, A. P. Kshitij. Investigating the role of policies, strategies, and governance in China's emergence as a global nanotech player [A]. in Science and Innovation Policy [C], 2011 Atlanta Conference on. IEEE, 2011: 1 – 14.

[28] Bian, Y. Bringing strong ties back in: Indirect ties, network bridges, and job searches in China [J]. American Sociological Review, 1997, 62 (3): 366 – 385.

[29] Bierly, P. E. , F. Damanpour, M. D. Santoro. The application of external knowledge: organizational conditions for exploration and exploitation [J]. Journal of Management Studies, 2009, 46 (3): 481 –509.

[30] Bizzi, L. The Dark Side of Structural Holes A Multilevel Investigation [J]. Journal of Management, 2013, 39 (6): 1554 –1578.

[31] Boh, W. F. , R. Evaristo, A. Ouderkirk. Balancing breadth and depth of expertise for innovation: A 3M story [J]. Research Policy, 2014, 43 (2): 349 –366.

[32] Bonacich, P. Technique for analyzing overlapping memberships [J]. Sociological methodology, 1972, 4: 176 –185.

[33] Bonacich, P. Power and centrality: A family of measures [J]. American Journal of Sociology, 1987, 92 (5): 1170 –1182.

[34] Borgatti, S. P. The Key Player Problem [A]. in Dynamic social network modeling and analysis: Workshop summary and papers [C]. National Academy of Sciences Press, 2003: 241 –252.

[35] Borgatti, S. P. Centrality and network flow [J]. Social Networks, 2005, 27 (1): 55 –71.

[36] Borgatti, S. P. , D. S. Halgin. On network theory [J]. Organization Science, 2011, 22 (5): 1168 –1181.

[37] Bornmann, L. , F. de Moya – Anegón, L. Leydesdorff. The new excellence indicator in the World Report of the SCImago Institutions Rankings 2011 [J]. Journal of Informetrics, 2012, 6 (2): 333 –335.

[38] Boschma, R. , G. Heimeriks, P. A. Balland. Scientific knowledge dynamics and relatedness in biotech cities [J]. Research Policy, 2014, 43 (1): 107 –114.

[39] Bouty, I. Interpersonal and interaction influences on informal resource exchanges between R&D researchers across organizational boundaries [J]. Academy of Management Journal, 2000, 43 (1): 50 –65.

[40] BP p. l. c. BP Energy Outlook 2030 [EB/OL]. London, United

Kingdom. http://www. bp. com/en/global/corporate/about-bp/statistical-review-of-world-energy – 2013/energy-outlook – 2030. html, 2013.

[41] BP p. l. c. Statistical Review of World Energy 2014 [EB/OL]. London, United Kingdom. http://www. bp. com/en/global/corporate/about-bp/energy-economics/statistical-review-of-world-energy. html, 2014.

[42] Brass, D. J. , K. D. Butterfield, B. C. Skaggs. Relationships and unethical behavior: A social network perspective [J]. Academy of Management Review, 1998, 23 (1): 14 – 31.

[43] Buchmann, T. , A. Pyka. The evolution of innovation networks: The case of a German automotive network [A]. in FZID discussion papers [C]. No. 70 – 2013, http://nbn-resolving. de/urn: nbn: de: bsz: 100 – opus – 8338, 2013: 1 – 28.

[44] Burt, R. S. Structural holes: The social structure of competition [M]. Cambridge: Harvard university press, 1992: 65.

[45] Burt, R. S. The contingent value of social capital [J]. Administrative Science Quarterly, 1997, 42 (2): 339 – 365.

[46] Burt, R. S. Structural holes and good ideas [J]. American Journal of Sociology, 2004, 110 (2): 349 – 399.

[47] Cannella, A. A. , M. A. McFadyen. Changing the exchange the dynamics of knowledge worker ego networks [J]. Journal of Management. doi: 10. 1177/0149206313511114, 2013.

[48] Cantner, U. , B. Rake. International research networks in pharmaceuticals: Structure and dynamics [J]. Research Policy, 2014, 43 (2): 333 – 348.

[49] Capaldo, A. Network structure and innovation: The leveraging of a dual network as a distinctive relational capability [J]. Strategic Management Journal, 2007, 28 (6): 585 – 608.

[50] Carnabuci, G. The ecology of technological progress: how symbiosis and competition affect the growth of technology domains [J]. Social

Forces, 2010, 88 (5): 2163 – 2187.

[51] Carnabuci, G. , J. Bruggeman. Knowledge specialization, knowledge brokerage and the uneven growth of technology domains [J]. Social Forces, 2009, 88 (2): 607 – 641.

[52] Carnabuci, G. , E. Operti. Where do firms "recombinant capabilities come from? Intraorganizational networks, knowledge, and firms" ability to innovate through technological recombination [J]. Strategic Management Journal, 2013, 34 (13): 1591 – 1613.

[53] Castro, I. , C. Casanueva, J. L. Galán. Dynamic evolution of alliance portfolios [J]. European Management Journal, 2014, 32 (3): 423 – 433.

[54] Cattani, G. , S. Ferriani. A core/periphery perspective on individual creative performance: Social networks and cinematic achievements in the Hollywood film industry [J]. Organization Science, 2008, 19 (6): 824 – 844.

[55] Chandler, D. , P. R. Haunschild, et al. The effects of firm reputation and status on interorganizational network structure [J]. Strategic Organization, 2013, 13 (1): 6 – 31.

[56] Chen, X. , C. Li, et al. Nanomaterials for renewable energy production and storage [J]. Chemical Society Reviews, 2012, 41 (23): 7909 – 7937.

[57] Chen, Z. , J. Guan. The impact of small world on innovation: An empirical study of 16 countries [J]. Journal of Informetrics, 2010, 4 (1): 97 – 106.

[58] Cheon, Y. J. , et al. Antecedents of relational inertia and information sharing in SNS usage: The moderating role of structural autonomy [J]. Technological Forecasting and Social Change, 2015, 95: 32 – 47.

[59] Cho, T. S. , H. Y. Shih. Patent citation network analysis of core and emerging technologies in Taiwan: 1997 – 2008 [J]. Scientometrics,

2011, 89 (3): 795 –811.

[60] Choi, J. , Y. S. Hwang. Patent keyword network analysis for improving technology development efficiency [J]. Technological Forecasting and Social Change, 2014, 83: 170 –182.

[61] Cohen, W. M. , D. A. Levinthal. Absorptive capacity: a new perspective on learning and innovation [J]. Administrative science quarterly, 1990, 35 (1): 128 –152.

[62] Coleman, J. S. Social capital in the creation of human capital [J]. American Journal of Sociology, 1988, 94: S95 –S120.

[63] Coleman, J. S. , J. S. Coleman. Foundations of social theory [M]. Cambridge: Harvard university press, 1994: 23.

[64] Connelly, M. C. , J. Sekhar. US energy production activity and innovation [J]. Technological Forecasting and Social Change, 2012, 79 (1): 30 –46.

[65] Contractor, N. S. , S. Wasserman, K. Faust. Testing multitheoretical, multilevel hypotheses about organizational networks: An analytic framework and empirical example [J]. Academy of Management Review, 2006, 31 (3): 681 –703.

[66] Cricelli, L. , M. Grimaldi. Knowledge-based inter-organizational collaborations [J]. Journal of Knowledge Management, 2010, 14 (3): 348 –358.

[67] Dahlander, L. , D. A. McFarland. Ties that last tie formation and persistence in research collaborations over time [J]. Administrative Science Quarterly, 2013, 58 (1): 69 –110.

[68] Demirkan, I. , S. Demirkan. Network characteristics and patenting in biotechnology, 1990 –2006 [J]. Journal of Management, 2012, 38 (6): 1892 –1927.

[69] Demirkan, I. , D. L. Deeds, S. Demirkan. Exploring the role of network characteristics, knowledge quality, and inertia on the evolution of

scientific networks [J]. Journal of Management, 2013, 39 (6): 1462 –
1489.

[70] Diallo, M. S. , N. A. Fromer, M. S. Jhon. Nanotechnology for
sustainable development: retrospective and outlook [J]. Journal of Nanopar-
ticle Research, 2013, 15 (11): 2044.

[71] Dibiaggio, L. , M. Nasiriyar, L. Nesta. Substitutability and com-
plementarity of technological knowledge and the inventive performance of sem-
iconductor companies [J]. Research Policy, 2014, 43 (9): 1582 – 1593.

[72] Dolfsma, W. , D. Seo. Government policy and technological inno-
vation—a suggested typology [J]. Technovation, 2013, 33 (6): 173 –
179.

[73] Dorogovtsev, S. N. , A. V. Goltsev, J. F. Mendes. Critical phe-
nomena in complex networks [J]. Reviews of Modern Physics, 2008, 80
(4): 1275.

[74] Dosi, G. Sources, procedures, and microeconomic effects of in-
novation [J]. Journal of Economic Literature, 1988, 26 (3): 1120 –
1171.

[75] Eagle, N. , M. Macy, R. Claxton. Network diversity and eco-
nomic development [J]. Science, 2010, 328 (5981): 1029 – 1031.

[76] Ebbers, J. J. , N. M. Wijnberg. Disentangling the effects of repu-
tation and network position on the evolution of alliance networks [J]. Strate-
gic Organization, 2010, 8 (3): 255 – 275.

[77] Eck, N. J. v. , L. Waltman. How to normalize cooccurrence data?
An analysis of some well known similarity measures [J]. Journal of the Ameri-
can Society for Information Science and Technology, 2009, 60 (8): 1635 –
1651.

[78] Enkel, E. , O. Gassmann. Creative imitation: exploring the case
of cross-industry innovation [J]. R&D Management, 2010, 40 (3): 256 –
270.

[79] Erdös, P. , A. Rényi. On the evolution of random graphs [J]. Publications of the Mathematical Institute of the Hungarian Academy of Sciences, 1960, 5: 17 – 61.

[80] Fischer, T. , J. Leidinger. Testing patent value indicators on directly observed patent value—An empirical analysis of Ocean Tomo patent auctions [J]. Research Policy, 2014, 43 (3): 519 – 529.

[81] Fleming, L. Recombinant uncertainty in technological search [J]. Management Science, 2001, 47 (1): 117 – 132.

[82] Fleming, L. , C. King, A. I. Juda. Small worlds and regional innovation [J]. Organization Science, 2007, 18 (6): 938 – 954.

[83] Fleming, L. , S. Mingo, D. Chen. Collaborative brokerage, generative creativity, and creative success [J]. Administrative Science Quarterly, 2007, 52 (3): 443 – 475.

[84] Forti, E. , C. Franzoni, M. Sobrero. Bridges or isolates? Investigating the social networks of academic inventors [J]. Research Policy, 2013, 42 (8): 1378 – 1388.

[85] Freeman C. Networks of innovators: a synthesis of research issues [J]. Research policy, 1991, 20 (5): 499 – 514.

[86] Freeman, C. The 'National System of Innovation' in historical perspective [J]. Cambridge Journal of Economics, 1995, 19 (1): 5 – 24.

[87] Freeman, L. C. Centrality in social networks conceptual clarification [J]. Social Networks, 1979, 1 (3): 215 – 239.

[88] Fromer, N. A. , M. S. Diallo. Nanotechnology and clean energy: sustainable utilization and supply of critical materials [J]. Journal of Nanoparticle Research, 2013, 15 (11): 2011.

[89] Gabbay, S. M. , E. W. Zuckerman. Social capital and opportunity in corporate R&D: The contingent effect of contact density on mobility expectations [J]. Social Science Research, 1998, 27 (2): 189 – 217.

[90] Gambardella, A. , D. Harhoff, B. Verspagen. The value of Euro-

pean patents [J]. European Management Review, 2008, 5 (2): 69 – 84.

[91] Gargiulo, M. , M. Benassi. Trapped in your own net? Network cohesion, structural holes, and the adaptation of social capital [J]. Organization Science, 2000, 11 (2): 183 – 196.

[92] Geum, Y. , C. Kim, et al. Technological convergence of IT and BT: evidence from patent analysis [J]. Etri Journal, 2012, 34 (3): 439 – 449.

[93] Gilsing, V. , B. Nooteboom. Exploration and exploitation in innovation systems: The case of pharmaceutical biotechnology [J]. Research Policy, 2006, 35 (1): 1 – 23.

[94] Gilsing, V. , B. Nooteboom, et al. Network embeddedness and the exploration of novel technologies: Technological distance, betweenness centrality and density [J]. Research Policy, 2008, 37 (10): 1717 – 1731.

[95] Gittelman, M. A note on the value of patents as indicators of innovation: Implications for management research [J]. The Academy of Management Perspectives, 2008, 22 (3): 21 – 27.

[96] Giuliani, E. Network dynamics in regional clusters: Evidence from Chile [J]. Research Policy, 2013, 42 (8): 1406 – 1419.

[97] Glückler, J. Economic geography and the evolution of networks [J]. Journal of Economic Geography, 2007, 7 (5): 619 – 634.

[98] Goerzen, A. , P. W. Beamish. The effect of alliance network diversity on multinational enterprise performance [J]. Strategic Management Journal, 2005, 26 (4): 333 – 354.

[99] Gonzalez – Brambila, C. N. , F. M. Veloso, D. Krackhardt. The impact of network embeddedness on research output [J]. Research Policy, 2013, 42 (9): 1555 – 1567.

[100] Gould, R. V. The Origins of Status Hierarchies: A Formal Theory and Empirical Test [J]. American Journal of Sociology, 2002, 107

(5): 1143 –1178.

[101] Granados, F. J. , D. Knoke. Organizational status growth and structure: An alliance network analysis [J]. Social Networks, 2013, 35 (1): 62 –74.

[102] Granovetter, M. S. The strength of weak ties [J]. American Journal of Sociology, 1973, 78 (6): 1360 –1380.

[103] Grant, R. M. Prospering in dynamically-competitive environments: Organizational capability as knowledge integration [J]. Organization Science, 1996, 7 (4): 375 –387.

[104] Greene W. H. Accounting for excess zeros and sample selection in Poisson and negative binomial regression models [R]. Stern School of Business Working Papers, EC –94 –10, New York University, 1994.

[105] Greene, W. H. Econometric Analysis [M]. 6th ed. Prentice Hall, Upper Saddle River, NJ, 2008, 123 –145.

[106] Griliches, Z. Patent Statistics as Economic Indicators: A Survey [J]. Journal of Economie Literature, 1990, 28: 1661 –1707.

[107] Guan, J. , Y. He. Patent-bibliometric analysis on the Chinese science-technology linkages [J]. Scientometrics, 2007, 72 (3): 403 –425.

[108] Guan, J. , G. Wang. A comparative study of research performance in nanotechnology for China's inventor-authors and their non-inventing peers [J]. Scientometrics, 2010, 84 (2): 331 –343.

[109] Guan, J. , Q. Zhao. The impact of university-industry collaboration networks on innovation in nanobiopharmaceuticals [J]. Technological Forecasting and Social Change, 2013, 80 (7): 1271 –1286.

[110] Guan, J. , N. Liu. Measuring scientific research in emerging nano-energy field [J]. Journal of Nanoparticle Research, 2014, 16 (4): 2356.

[111] Guan, J. , N. Liu. Invention profiles and uneven growth in the

field of emerging nano-energy [J]. Energy Policy, 2015, 76: 146 – 157.

[112] Guan, J. , J. Zhang, Y. Yan. The impact of multilevel networks on innovation [J]. Research Policy, 2015, 44 (3): 545 – 559.

[113] Gulati, R. Social structure and alliance formation patterns: A longitudinal analysis [J]. Administrative Science Quarterly, 1995, 40 (4): 619 – 652.

[114] Gulati, R. , M. Gargiulo. Where Do Interorganizational Networks Come From? [J]. American Journal of Sociology, 1999, 104 (5): 177 – 231.

[115] Gulati, R. , M. Sytch, A. Tatarynowicz. The rise and fall of small worlds: Exploring the dynamics of social structure [J]. Organization Science, 2012, 23 (2): 449 – 471.

[116] Guo, K. W. Green nanotechnology of trends in future energy: a review [J]. International Journal of Energy Research, 2012, 36 (1): 1 – 17.

[117] Gupta, A. K. , K. G. Smith, C. E. Shalley. The interplay between exploration and exploitation [J]. Academy of Management Journal, 2006, 49 (4): 693 – 706.

[118] Gupta, A. K. , P. E. Tesluk, M. S. Taylor. Innovation at and across multiple levels of analysis [J]. Organization Science, 2007, 18 (6): 885 – 897.

[119] Hansen, M. T. The search-transfer problem: The role of weak ties in sharing knowledge across organization subunits [J]. Administrative Science Quarterly, 1999, 44 (1): 82 – 111.

[120] Hansen, M. T. Knowledge networks: Explaining effective knowledge sharing in multiunit companies [J]. Organization Science, 2002, 13 (3): 232 – 248.

[121] Harhoff, D. , F. M. Scherer, K. Vopel. Citations, family size, opposition and the value of patent rights [J]. Research Policy, 2003, 32

(8): 1343 – 1363.

[122] Hausman, J. A. Specification tests in econometrics [J]. Econometrica: Journal of the Econometric Society, 1978, 46 (6): 1251 – 1271.

[123] Henderson, R. M. , K. B. Clark. Architectural innovation: The reconfiguration of existing product technologies and the failure of established firms [J]. Administrative Science Quarterly, 1990, 35 (1): 9 – 30.

[124] Hirsch, J. E. An index to quantify an individual's scientific research output [J]. Proceedings of the National academy of Sciences of the United States of America, 2005, 102 (46): 16569 – 16572.

[125] Hsiao C. Analysis of panel data [M]. New York: Cambridge university press, 1986: 78.

[126] Huang, Y. F. , C. J. Chen. The impact of technological diversity and organizational slack on innovation [J]. Technovation, 2010, 30 (7): 420 – 428.

[127] Jaffe, A. B. Characterizing the "technological position" of firms, with application to quantifying technological opportunity and research spillovers [J]. Research Policy, 1989, 18 (2): 87 – 97.

[128] Jarvis, D. S. , N. Richmond. Regulation and governance of nanotechnology in China: regulatory challenges and effectiveness [J]. European Journal of Law and Technology, 2011, 2 (3): 1 – 11.

[129] Jensen, M. , A. Roy. Staging exchange partner choices: When do status and reputation matter? [J]. Academy of Management Journal, 2008, 51 (3): 495 – 516.

[130] Karamanos, A. G. Leveraging micro-and macro-structures of embeddedness in alliance networks for exploratory innovation in biotechnology [J]. R&D Management, 2012, 42 (1): 71 – 89.

[131] Karsai, M. , N. Perra, A. Vespignani. Time varying networks and the weakness of strong ties [J]. Scientific Reports, 2014, 4: 4001.

[132] Karvonen, M. , T. Kässi. Patent citations as a tool for analysing

the early stages of convergence [J]. Technological Forecasting and Social Change, 2013, 80 (6): 1094 – 1107.

[133] Katila, R. , G. Ahuja. Something old, something new: A longitudinal study of search behavior and new product introduction [J]. Academy of Management Journal, 2002, 45 (6): 1183 – 1194.

[134] Keast, R. , M. P. Mandell, et al. Network structures: Working differently and changing expectations [J]. Public Administration Review, 2004, 64 (3): 363 – 371.

[135] Kim, D. J. , B. Kogut. Technological platforms and diversification [J]. Organization Science, 1996, 7 (3): 283 – 301.

[136] Kim, E. , Y. Cho, W. Kim. Dynamic patterns of technological convergence in printed electronics technologies: patent citation network [J]. Scientometrics, 2014, 98 (2): 975 – 998.

[137] Kim, M. – S. , C. Kim. On a patent analysis method for technological convergence [J]. Procedia – Social and Behavioral Sciences, 2012, 40: 657 – 663.

[138] Kim, T. Y. , H. Oh, A. Swaminathan. Framing interorganizational network change: A network inertia perspective [J]. Academy of Management Review, 2006, 31 (3): 704 – 720.

[139] Kleinberg, J. Bursty and hierarchical structure in streams [J]. Data Mining and Knowledge Discovery, 2003, 7 (4): 373 – 397.

[140] Kleinknecht, A. , H. J. Reinders. How good are patents as innovation indicators? Evidence from German CIS data [A]. in Innovation and growth: from R&D strategies of innovating firms to economy-wide technological change [C]. Oxford: Oxford University Press , 2012: 115 – 127.

[141] Kogut, B. , U. Zander. Knowledge of the firm, combinative capabilities, and the replication of technology [J] . Organization Science, 1992, 3 (3): 383 – 397.

[142] Kogut, B. , U. Zander. Knowledge of the firm and the evolution-

ary theory of the multinational corporation [J]. Journal of International Business Studies, 1993, 24 (4): 625 -645.

[143] Koka, B. R. , R. Madhavan, J. E. Prescott. The evolution of interfirm networks: Environmental effects on patterns of network change [J]. Academy of Management Review, 2006, 31 (3): 721 -737.

[144] Kudic, M. , A. Pyka, J. Günther. Determinants of evolutionary change processes in innovation networks: Empirical evidence from the German laser industry [A]. in IWH – Diskussionspapiere [C]. 2012: 1 -34.

[145] Kuhn, T. S. The structure of scientific revolutions [M]. Chicago: University of Chicago press, 2012: 98.

[146] Kurant, M. , P. Thiran. Layered complex networks [J]. Physical review letters, 2006, 96 (13): 138701.

[147] Lane, P. J. , M. Lubatkin. Relative absorptive capacity and interorganizational learning [J]. Strategic Management Journal, 1998, 19 (5): 461 -477.

[148] Lavie, D. , U. Stettner, M. L. Tushman. Exploration and exploitation within and across organizations [J]. The Academy of Management Annals, 2010, 4 (1): 109 -155.

[149] Lee, J. J. Heterogeneity, brokerage, and innovative performance: Endogenous formation of collaborative inventor networks [J]. Organization Science, 2010, 21 (4): 804 -822.

[150] Lee, K. , S. Lee. Patterns of technological innovation and evolution in the energy sector: A patent-based approach [J]. Energy Policy, 2013, 59: 415 -432.

[151] Lee, S. , H. J. Lee, B. Yoon. Modeling and analyzing technology innovation in the energy sector: Patent-based HMM approach [J]. Computers & Industrial Engineering, 2012, 63 (3): 564 -577.

[152] Leung, R. C. Networks as sponges: International collaboration for developing nanomedicine in China [J]. Research Policy, 2013, 42

(1): 211-219.

[153] Levitt, B. , J. G. March. Organizational learning [J]. Annual Review of Sociology, 1988, 14 (1): 319-340.

[154] Leydesdorff, L. A Triple Helix of University-Industry – GovernmentRelations [A]. in H. Etzkowitz & L. Leydesdorff (Eds. ), Universities and the Global Knowledge Economy: A Triple Helix of University-Industry – Government Relations [C]. London: Pinter, 1997: 155-162.

[155] Leydesdorff, L. On the normalization and visualization of author co-citation data: Salton's Cosine versus the Jaccard index [J]. Journal of the American Society for Information Science and Technology, 2008, 59 (1): 77-85.

[156] Leydesdorff, L. , H. Etzkowitz. Emergence of a Triple Helix of university-industry-government relations [J] . Science and Public Policy, 1996, 23 (5): 279-286.

[157] Li, E. Y. , C. H. Liao, H. R. Yen. Co-authorship networks and research impact: A social capital perspective [J]. Research Policy, 2013, 42 (9): 1515-1530.

[158] Liu, N. , J. Guan. Dynamic evolution of collaborative networks: evidence from nano-energy research in China [J]. Scientometrics, 2015, 102 (3): 1895-1919.

[159] Liu, W. , M. Gu, et al. Profile of developments in biomass-based bioenergy research: a 20 – year perspective [J] . Scientometrics, 2014, 99 (2): 507-521.

[160] Lomi, A. , V. J. Torló. The Network Dynamics of Social Status: Problems and Possibilities [A]. in Contemporary Perspectives on Organizational Social Networks [C]. Emerald Group Publishing Limited, 2014: 403-420.

[161] Ma, N. , J. Guan. An exploratory study on collaboration profiles of Chinese publications in Molecular Biology [J]. Scientometrics, 2005, 65

(3): 343 – 355.

[162] Madhavan, R. , B. R. Koka, J. E. Prescott. Networks in transition: How industry events (re) shape interfirm relationships [J]. Strategic Management Journal, 1998, 19 (5): 439 – 459.

[163] Maggitti, P. G. , K. G. Smith, R. Katila. The complex search process of invention [J]. Research Policy, 2013, 42 (1): 90 – 100.

[164] Mahapatra, M. On the validity of the theory of exponential growth of scientific literature [A]. in 5th IASLIC conference proceedings, IASLIC [C]. Bangalore, 1985: 2011 – 2037.

[165] Makadok, R. Toward a synthesis of the resource-based and dynamic-capability views of rent creation [J]. Strategic Management Journal, 2001, 22 (5): 387 – 401.

[166] Mansfield, E. Patents and innovation: an empirical study [J]. Management Science, 1986, 32 (2): 173 – 181.

[167] Manzano – Agugliaro, F. , A. Alcayde, et al. Scientific production of renewable energies worldwide: an overview [J]. Renewable and Sustainable Energy Reviews, 2013, 18: 134 – 143.

[168] March, J. G. Exploration and exploitation in organizational learning [J]. Organization Science, 1991, 2 (1): 71 – 87.

[169] Matsumoto, Y. Heterogeneous Combinations of Knowledge Elements: How the Knowledge Base Structure Impacts Knowledge-related Outcomes of a Firm [R]. No. DP2013 – 15. 2013. Kobe University, Research Institute for Economics & Business Administration, 2013: 1 – 35.

[170] McFadyen, M. A. , M. Semadeni, A. A. Cannella Jr. Value of strong ties to disconnected others: Examining knowledge creation in biomedicine [J]. Organization Science, 2009, 20 (3): 552 – 564.

[171] Menéndez – Manjón, A. , K. Moldenhauer, et al. Nano-energy research trends: bibliometrical analysis of nanotechnology research in the energy sector [J]. Journal of Nanoparticle Research, 2011, 13 (9): 3911 –

3922.

[172] Milanov, H., D. A. Shepherd. The importance of the first rela-tionship: The ongoing influence of initial network on future status [J]. Stra-tegic Management Journal, 2013, 34 (6): 727 – 750.

[173] Milgram, S. The small world problem [J]. Psychology Today, 1967, 2 (1): 60 – 67.

[174] Milojević, S. Multidisciplinary cognitive content of nanoscience and nanotechnology [J]. Journal of Nanoparticle Research, 2012, 14 (1): 685.

[175] MingJi, J., Z. Ping. Research on the Patent Innovation Per-formance of University-Industry Collaboration Based on Complex Network Analysis [J]. Journal of Business-to – Business Marketing, 2014, 21 (2): 65 – 83.

[176] Mokyr, J. The lever of riches: Technological creativity and eco-nomic progress [M]. Oxford University Press, 1990: 235.

[177] Molinari, J. F., A. Molinari. A new methodology for ranking scientific institutions [J]. Scientometrics, 2008, 75 (1): 163 – 174.

[178] Moodysson, J., L. Coenen, B. Asheim. Explaining spatial pat-terns of innovation: analytical and synthetic modes of knowledge creation in the Medicon Valley life-science cluster [J]. Environment and planning. A, 2008, 40 (5): 1040 – 1056.

[179] Moorthy, S., D. E. Polley. Technological knowledge breadth and depth: performance impacts [J]. Journal of Knowledge Management, 2010, 14 (3): 359 – 377.

[180] Moran, P. Structural vs. relational embeddedness: Social capital and managerial performance [J]. Strategic Management Journal, 2005, 26 (12): 1129 – 1151.

[181] Naaman, M., H. Becker, L. Gravano. Hip and trendy: Char-acterizing emerging trends on Twitter [J]. Journal of the American Society for

Information Science and Technology, 2011, 62 (5): 902 –918.

[182] Nelson, R. R. , S. G. Winter. An evolutionary theory of economic change [M]. Cambrige: Harvard University Press, 1982: 54.

[183] Nerkar, A. Old is gold? The value of temporal exploration in the creation of new knowledge [J]. Management Science, 2003, 49 (2): 211 – 229.

[184] Newman, M. E. The structure and function of complex networks [J]. SIAM Review, 2003, 45 (2): 167 –256.

[185] NSET, CoT, NSTC. The National Nanotechnology Initiative Strategic Plan [EB/OL]. Available from: USA Government Official Web Portal. http: //www. nano. gov/node/242, 2004.

[186] NSET, CoT, NSTC. The National Nanotechnology Initiative Strategic Plan [EB/OL]. Available from: USA Government Official Web Portal. http: //www. nano. gov/node/241, 2007.

[187] NSTC, CoT, NSET. National Nanotechnology Initiative: The Initiative and its Implementation Plan [EB/OL]. Available from: USA Government Official Web Portal. http: //www. nano. gov/node/243, 2000.

[188] NSTC, CoT, NSET. National Nanotechnology Initiative Strategic Plan [EB/OL]. Available from: USA Government Official Web Portal. http: //www. nano. gov/node/581, 2011.

[189] NSTC, CoT, NSET. The National Nanotechnology Initiative Strategic Plan [EB/OL]. Available from: USA Government Official Web Portal. http: //nano. gov/node/1113, 2014.

[190] Obstfeld, D. Social networks, the tertius iungens orientation, and involvement in innovation [J]. Administrative Science Quarterly, 2005, 50 (1): 100 –130.

[191] Oetker, A. Top Priority: Innovation [J]. German Research, 2006, 28 (2): 2 –3.

[192] Oliver, C. Determinants of interorganizational relationships: In-

tegration and future directions [J]. Academy of Management Review, 1990, 15 (2): 241 – 265.

[193] Park, H. , J. Yoon. Assessing coreness and intermediarity of technology sectors using patent co-classification analysis: the case of Korean national R&D [J]. Scientometrics, 2014, 98 (2): 853 – 890.

[194] Paruchuri, S. Intraorganizational networks, interorganizational networks, and the impact of central inventors: A longitudinal study of pharmaceutical firms [J]. Organization Science, 2010, 21 (1): 63 – 80.

[195] Phelps, C. , R. Heidl, A. Wadhwa. Knowledge, networks, and knowledge networks a review and research agenda [J]. Journal of Management, 2012, 38 (4): 1115 – 1166.

[196] Podolny, J. M. Networks as the Pipes and Prisms of the Market [J]. American Journal of Sociology, 2001, 107 (1): 33 – 60.

[197] Podolny, J. M. Status signals: A sociological study of market competition [M]. Princeton: Princeton University Press, 2010: 301 – 303.

[198] Podolny, J. M. , T. E. Stuart. A role-based ecology of technological change [J]. American Journal of Sociology, 1995, 100 (5): 1224 – 1260.

[199] Podolny, J. M. , T. E. Stuart, M. T. Hannan. Networks, knowledge, and niches: Competition in the worldwide semiconductor industry, 1984 – 1991 [J]. American Journal of Sociology, 1996, 102 (3): 659 – 689.

[200] Popp, J. , G. L. MacKean, et al. Inter-organizational networks: A critical review of the literature to inform practice [EB/OL]. Available from: http: //health-leadership-research. royalroads. ca/sites/default/files/Interorganizational% 20networks% 20a% 20critical% 20review% 20of% 20the% 20 literature% 20to% 20inform% 20practice. pdf,2014.

[201] Porter, A. L. , J. Youtie, et al. Refining search terms for nanotechnology [J]. Journal of Nanoparticle Research, 2008, 10 (5): 715 –

728.

[202] Powell, W. W. , D. R. White, et al. Network dynamics and field evolution: The growth of interorganizational collaboration in the life sciences [J]. American Journal of Sociology, 2005, 110 (4): 1132 – 1205.

[203] Provan, K. G. , H. B. Milward. Do networks really work? A framework for evaluating public-sector organizational networks [J]. Public Administration Review, 2001, 61 (4): 414 – 423.

[204] Provan, K. G. , P. Kenis. Modes of network governance: Structure, management, and effectiveness [J]. Journal of Public Administration Research and Theory, 2008, 18 (2): 229 – 252.

[205] Provan, K. G. , K. Huang. Resource tangibility and the evolution of a publicly funded health and human services network [J]. Public Administration Review, 2012, 72 (3): 366 – 375.

[206] Putnam, J. D. The value of international patent rights [D]. Connecticut: Yale University, 1996.

[207] Quatraro, F. Knowledge coherence, variety and economic growth: Manufacturing evidence from Italian regions [J]. Research Policy, 2010, 39 (10): 1289 – 1302.

[208] Quintana – García, C. , C. A. Benavides – Velasco. Innovative competence, exploration and exploitation: The influence of technological diversification [J]. Research Policy, 2008, 37 (3): 492 – 507.

[209] Roco, M. C. National nanotechnology initiative-past, present, future [A]. in Goddard WA et al (eds) Handbook on nanoscience, engineering and technology, 2 nd edn [C]. Taylor and Francis, Oxford, 2007: 1 – 26.

[210] Roco, M. C. The long view of nanotechnology development: the National Nanotechnology Initiative at 10 years [A]. in Nanotechnology Research Directions for Societal Needs in 2020 [C]. Springer Netherlands, 2011: 1 – 28.

[211] Roco, M. C. , W. S. Bainbridge. The new world of discovery, invention, and innovation: convergence of knowledge, technology, and society [J]. Journal of Nanoparticle Research, 2013, 15 (9): 1946.

[212] Roco, M. C. , C. A. Mirkin, M. C. Hersam. Nanotechnology research directions for societal needs in 2020: retrospective and outlook [M]. Berlin: Springer Science & Business Media, 2011: 1 – 29.

[213] Ronda – Pupo, G. A. , L. á. Guerras – Martín. Dynamics of the scientific community network within the strategic management field through the Strategic Management Journal 1980-2009: the role of cooperation [J]. Scientometrics, 2010, 85 (3): 821 – 848.

[214] Rosenkopf, L. , G. Padula. Investigating the microstructure of network evolution: Alliance formation in the mobile communications industry [J]. Organization Science, 2008, 19 (5): 669 – 687.

[215] Rost, K. The strength of strong ties in the creation of innovation [J]. Research Policy, 2011, 40 (4): 588 – 604.

[216] Rotolo, D. , A. Messeni Petruzzelli. When does centrality matter? Scientific productivity and the moderating role of research specialization and cross-community ties [J]. Journal of Organizational Behavior, 2013, 34 (5): 648 – 670.

[217] Schankerman, M. , A. Pakes. Estimates of the value of patent rights in European countries during the post – 1950 period [J]. Economic Journal, 1986, 96 (384): 1052 – 1076.

[218] Schilling, M. A. , C. C. Phelps. Interfirm collaboration networks: The impact of large-scale network structure on firm innovation [J]. Management Science, 2007, 53 (7): 1113 – 1126.

[219] Schmookler, J. Invention and economic growth [M]. Cambridge: Harvard University Press, 1966: 113.

[220] Schumpeter, J. A. The theory of economic development: An inquiry into profits, capital, credit, interest, and the business cycle [M].

New Kork: Transaction publishers, 1934: 56.

[221] Schurr, S. H. Energy, economic growth, and the environment [M]. London: Routledge, 2013: 23 – 46.

[222] Schvaneveldt, R. W. Pathfinder associative networks: Studies in knowledge organization [M]. New Jersey: Ablex Publishing, 1990: 54.

[223] Sci²Team. Science of science (Sci2) tool [DB]. http: //sci2. cns. iu. edu, 2009.

[224] Serrano, E. , G. Rus, J. Garcia – Martinez. Nanotechnology for sustainable energy [J]. Renewable and Sustainable Energy Reviews, 2009, 13 (9): 2373 – 2384.

[225] Shannon, C. E. A mathematical theory of communication [J]. ACM SIGMOBILE Mobile Computing and Communications Review, 2001, 5 (1): 3 – 55.

[226] Shao, F. – J. , R. – C. Sun, et al. Research of Multi – Subnet Composited Complex Network and Its Operation [J]. Complex Systems and Complexity Science, 2012, 9 (4): 20 – 25.

[227] Shao, F. , Y. Sui. Reorganizations of complex networks: Compounding and reducing [J]. International Journal of Modern Physics C, 2014, 25 (05): 40001.

[228] EIA, A. International energy outlook 2013 [EB/OL]. US Energy Information Administration, Washington, http: //www. eia. gov/fore-casts/ieo/world. cfm.

[229] Simcoe, T. S. , D. M. Waguespack. Status, quality, and attention: What's in a (missing) name? [J]. Management Science, 2011, 57 (2): 274 – 290.

[230] Small, H. , K. W. Boyack, R. Klavans. Identifying emerging topics in science and technology [J]. Research Policy, 2014, 43 (8): 1450 – 1467.

[231] So, D. S. , C. W. Kim, et al. Nanotechnology policy in Korea

for sustainable growth [J]. Journal of Nanoparticle Research, 2012, 14 (6): 854.

[232] Sosa, M. E. Where do creative interactions come from? The role of tie content and social networks [J]. Organization Science, 2011, 22 (1): 1 –21.

[233] Squicciarini, M., H. Dernis, C. Criscuolo. Measuring patent quality: Indicators of technological and economic value [R]. OECD Publishing, 2013.

[234] Strogatz, S. H. Exploring complex networks [J]. Nature, 2001, 410 (6825): 268 –276.

[235] Strumsky, D., J. Lobo, S. Van der Leeuw. Measuring the Relative Importance of Reusing, Recombining and Creating Technologies in the Process of Invention [EB/OL]. SFI Working Paper: 2011 – 02 – 003, 2011.

[236] Strumsky, D., J. Lobo, S. Van der Leeuw. Using patent technology codes to study technological change [J]. Economics of Innovation and New technology, 2012, 21 (3): 267 –286.

[237] Stuart, T. E. Network positions and propensities to collaborate: An investigation of strategic alliance formation in a high-technology industry [J]. Administrative Science Quarterly, 1998, 43 (3): 668 –698.

[238] Sun, Y. – t., F. – c. Liu. Measuring international trade-related technology spillover: a composite approach of network analysis and information theory [J]. Scientometrics, 2013, 94 (3): 963 –979.

[239] Tang, L., P. Shapira. China – US scientific collaboration in nanotechnology: patterns and dynamics [J]. Scientometrics, 2011, 88 (1): 1 –16.

[240] Tegart, G. Energy and nanotechnologies: Priority areas for Australia's future [J]. Technological Forecasting and Social Change, 2009, 76 (9): 1240 –1246.

［241］ Tong, X. , J. D. Frame. Measuring national technological performance with patent claims data ［J］. Research Policy, 1994, 23 (2): 133 – 141.

［242］ Trajtenberg, M. A penny for your quotes: patent citations and the value of innovations ［J］. The Rand Journal of Economics, 1990, 21 (1): 172 – 187.

［243］ Uzzi, B. Social structure and competition in interfirm networks: The paradox of embeddedness ［J］. Administrative Science Quarterly, 1997, 42 (1): 35 – 67.

［244］ Uzzi, B. , J. Spiro. Collaboration and creativity: The small world problem ［J］. American Journal of Sociology, 2005, 111 (2): 447 – 504.

［245］ van der Valk, T. , M. M. Chappin, G. W. Gijsbers. Evaluating innovation networks in emerging technologies ［J］. Technological Forecasting and Social Change, 2011, 78 (1): 25 – 39.

［246］ Vanhaverbeke, W. , B. Beerkens, et al. Explorative adn exploitative learnings strategies in technology-based alliance networks ［J］. in Academy of Management Proceedings, 2006, (1): I1 – I6.

［247］ Vasudeva, G. , A. Zaheer, E. Hernandez. The embeddedness of networks: Institutions, structural holes, and innovativeness in the fuel cell industry ［J］. Organization Science, 2013, 24 (3): 645 – 663.

［248］ Verspagen, B. , G. Duysters. The small worlds of strategic technology alliances ［J］. Technovation, 2004, 24 (7): 563 – 571.

［249］ vom Stein, N. , N. Sick, J. Leker. How to measure technological distance in collaborations—The case of electric mobility ［J］. Technological Forecasting and Social Change, 2014, http: //dx. doi. org/10. 1016/j. techfore. 2014. 05. 001.

［250］ Vuong Q. H. Likelihood ratio tests for model selection and non-nested hypotheses ［J］. Econometrica, 1989, 57: 307 – 333.

[251] Wang, C. H., L. C. Hsu. Building exploration and exploitation in the high-tech industry: The role of relationship learning [J]. Technological Forecasting and Social Change, 2014, 81 (1): 331 – 340.

[252] Wang, C., S. Rodan, et al. Knowledge networks, collaboration networks, and exploratory innovation [J]. Academy of Management Journal, 2014, 57 (2): 459 – 514.

[253] Wang, Z. Z., J. J. Zhu. Homophily versus preferential attachment: Evolutionary mechanisms of scientific collaboration networks [J]. International Journal of Modern Physics C, 2014, 25 (05): 40014.

[254] Wasserman, S. Social network analysis: Methods and applications [M]. Cambridge: Cambridge university press, 1994: 213 – 245.

[255] Watts, D. J., S. H. Strogatz. Collective dynamics of 'small-world' networks [J]. Nature, 1998, 393 (6684): 440 – 442.

[256] Weitzman, M. L. Recombinant growth [J]. Quarterly Journal of Economics, 1998, 113 (2): 331 – 360.

[257] White, H. D. Pathfinder networks and author cocitation analysis: A remapping of paradigmatic information scientists [J]. Journal of the American Society for Information Science and Technology, 2003, 54 (5): 423 – 434.

[258] Wu, W. P. Dimensions of social capital and firm competitiveness improvement: The mediating role of information sharing [J]. Journal of Management Studies, 2008, 45 (1): 122 – 146.

[259] Xie, F., D. Levinson. Measuring the structure of road networks [J]. Geographical Analysis, 2007, 39 (3): 336 – 356.

[260] Yamin, M., J. Otto. Patterns of knowledge flows and MNE innovative performance [J]. Journal of International Management, 2004, 10 (2): 239 – 258.

[261] Yayavaram, S., G. Ahuja. Decomposability in knowledge structures and its impact on the usefulness of inventions and knowledge-base malle-

ability [J]. Administrative Science Quarterly, 2008, 53 (2): 333 – 362.

[262] Yayavaram, S., W. R. Chen. Changes in firm knowledge couplings and firm innovation performance: The moderating role of technological complexity [J]. Strategic Management Journal, 2015, 36 (3): 377 – 396.

[263] Yujuan, Z., Z. Wei. Study on Domestic and Foreign Policy in Nanotechnology R&D [A]. in SHS Web of Conferences [C]. EDP Sciences, 2014, 7: 02003.

[264] Zaheer, A., G. Soda. Network evolution: The origins of structural holes [J]. Administrative Science Quarterly, 2009, 54 (1): 1 – 31.

[265] Zaheer, A., R. Gulati, N. Nohria. Strategic networks [J]. Strategic Management Journal, 2000, 21 (3): 203 – 215.

[266] Zhang, G., J. Guan, X. Liu. The impact of small world on patent productivity in China [J]. Scientometrics, 2014, 98 (2): 945 – 960.

[267] 官建成, 张爱军. 技术与组织的集成创新研究 [J]. 中国软科学, 2002, (12): 57 – 61.

[268] 国务院. 国家中长期科学和技术发展规划纲要 (2006 ~ 2020 年) [EB/OL]. 中国官方网站. http: //www. gov. cn/jrzg/2006 – 02/09/content_183787. htm, 2006.

[269] 贾沛沛, 钟昊沁. 知识创新的涵义和运作过程 [J]. 科学管理研究, 2002, 20 (6): 10 – 12.

[270] 科技部. 纳米研究国家重大科学研究计划 "十二五" 专项规划 [EB/OL]. 中国官方网站. http: //www. most. gov. cn/tztg/201206/t20120621_95215. htm, 2012.

[271] 科技部. 国家发展计划委员会, 教育部等. 国家纳米科技发展纲要 (2001 ~ 2010) [EB/OL]. 中国官方网站. http: //www. most. gov. cn/fggw/zfwj/zfwj2001/200512/t20051214_55037. htm, 2001.

[272] 刘凤朝, 马荣康, 姜楠. 基于 "985 高校" 的产学研专利合作网络演化路径研究 [J]. 中国软科学, 2011, (7): 178 – 192.

[273] 刘岩, 蔡虹. 企业知识基础网络结构与技术创新绩效的关

系——基于中国电子信息行业的实证分析［J］. 系统管理学报，2012，21（5）：655 – 661.

［274］柳卸林. 技术创新经济学的发展［J］. 数量经济技术经济研究，1993，4：67 – 76.

［275］任胜钢，吴娟，王龙伟. 网络嵌入结构对企业创新行为影响的实证研究［J］. 管理工程学报，2012，25（4）：75 – 80.

［276］宋刚，唐蔷等. 复杂性科学视野下的科技创新［J］. 科学对社会的影响，2008，2（1）：28 – 33.

［277］田钢，张永安. 集群创新网络演化的动力模型及其仿真研究［J］. 科研管理，2010，31（1）：104 – 115.

［278］吴贵生. 技术创新管理［M］. 北京：清华大学出版社有限公司，2000：34 – 78.

［279］约瑟夫·熊彼特著，何畏，易家详译. 经济发展理论［M］. 北京：商务印务馆，1990：79.

# 后　　记

　　时间从未因春夏秋冬的季节而停下它前行的脚步，春去春又回，转眼间又到了春暖花开的季节。校园里白玉兰花已经在煦煦春风里绽放了，一派春意盎然的景象很是扎眼。本书是我在博士论文基础上修改和充实提升后完成的，在完成之际，回首我在中科院攻读博士学位的三年和毕业后在山东工商学院工作的一年多，往事历历在目，感慨万千，心中甚为感激。借此机会，我要向诸位师长、领导、朋友、亲人表示感谢。

　　衷心地感谢敬爱的导师官建成教授。我能成为官老师在中科院的学生，确实非常幸运，也感到无比的荣幸和自豪。读博三年来，我每取得的一点点进步都离不开官建成老师的悉心指导和严格要求。每篇小论文的构思、写作、投稿、改投、一修、二修……到最后被录用无不浸透着官老师的心血和汗水。三年来，官老师一直不辞辛劳地教导我如何做研究。当我为选题迷失不前时，官老师及时引导我的研究方向，同时又给了我充分的学术自由和自主选择权。当我为研究方法的学习徘徊不前时，官老师明确告知，方法永远是学不完的，关键是要学会学以致用，使我懂得学习研究方法和做研究之间的关系。当我提炼的研究问题没有新意时，官老师及时鼓励我要做出创新性的研究，避免甚至是反对平庸研究，使我继续探索、反复寻找新颖的科学问题。当我一再粗心大意时，官老师反复教导"做研究就像雕工艺品，讲究反复研磨、精雕细琢，不允许出现一点点的瑕疵"，使我逐渐改掉粗心大意的坏习惯、做事更加细心。当我偷懒不想学习时，官老师及时催促，按时提交研究进展，使我逐渐改正懒惰的坏习惯。当我被一次次的退稿打击的灰心丧气时，官老师及时鼓励，让我又有了前行的勇气。当我为取得的一点点小的成绩而沾沾自喜时，官老师及时鞭策，使我瞄准国际顶级期刊、继续脚踏实地前行。官老师严谨认真的治学风格、精益求精的治学态度、执著专一的治学精神是我今后科研道路上指明灯；官老师坦荡的胸怀和谦虚正直的品格、知恩图报和言而有信的做事风格为我的工作和生活树立了为人处世的榜样。

感谢在博士论文开题、中期考核与答辩过程中给予我悉心指导的各位老师。他们是柳卸林老师、汪寿阳老师、董纪昌老师、赵红老师、徐艳梅老师、吕本富老师、龚其国老师、张玲玲老师等，感谢他们的建议和指导。感谢中科院管理学院的领导和行政老师们，在学习和生活中给予了我大力支持和无私帮助。感谢与我同在官老师门下求学的左铠瑞博士、张晶晶博士、闫岩博士以及魏贺、庞兰心等同门师兄弟姐妹。我们的课题组就像一个大家庭，相互协助、相互激励、相互督促，共同进步。感谢我为数不多的博士同学马雪梅、史芳芳、靳宇宁等，辛苦、单调的博士生活因为有了你们一路相伴而不再孤独。

感谢我在山东工商学院工作以来给予我支持、鼓励和关怀的各位领导和同事。

感谢我的父母、兄弟姐妹。慢慢科研路，亲人们的支持是我最坚强的后盾。

刘娜　于烟台

2017 年 4 月